风力机气动特性
及流动分离控制研究

王海鹏　邱庆刚　张博　蒋笑　著

（扫一扫，看彩图）

北　京
冶金工业出版社
2023

内 容 提 要

本书详细介绍了风力机气动特性及流动分离控制方向的研究,全书共分6章,分别为:风力机气动特性、水平轴风力机气动特性的研究方法、风力机非定常气动特性的研究、风力机叶片外形的优化计算及分析、涡流发生器对风力机边界层的流动分离控制和前缘缝翼对风力机边界层的流动分离控制。本书在附录中提供了MATLAB优化程序和主要符号说明表。

本书可供从事能源领域及风力发电系统的工程技术人员阅读,也可供高校相关专业的师生参考。

图书在版编目(CIP)数据

风力机气动特性及流动分离控制研究/王海鹏等著. —北京:冶金工业出版社,2023.11
ISBN 978-7-5024-9667-8

Ⅰ.①风… Ⅱ.①王… Ⅲ.①风力机械—气动特性—研究 ②风力机械—分离流动—控制—研究 Ⅳ.①TK8

中国国家版本馆 CIP 数据核字(2023)第 215929 号

风力机气动特性及流动分离控制研究

出版发行	冶金工业出版社	电 话	(010)64027926
地 址	北京市东城区嵩祝院北巷 39 号	邮 编	100009
网 址	www.mip1953.com	电子信箱	service@ mip1953.com

责任编辑 任咏玉 杨 敏 美术编辑 彭子赫 版式设计 郑小利
责任校对 梁江凤 责任印制 窦 唯
北京捷迅佳彩印刷有限公司印刷
2023 年 11 月第 1 版,2023 年 11 月第 1 次印刷
710mm×1000mm 1/16;10.5 印张;205 千字;159 页
定价 66.00 元

投稿电话 (010)64027932 投稿信箱 tougao@cnmip.com.cn
营销中心电话 (010)64044283
冶金工业出版社天猫旗舰店 yjgycbs.tmall.com
(本书如有印装质量问题,本社营销中心负责退换)

前　言

　　能源是当今社会所面临的重要问题，如何利用传统石化能源和开发新能源至关重要。目前风能已然成为能源结构中重要的组成部分，如何提高风力发电技术成为当前重要的研究课题。本书内容主要介绍了以下几方面研究工作：

　　第1章介绍了风力机叶片气动性能预测方法、风力机尾迹特性、翼型和叶片边界层分离控制。第2章介绍了水平轴风力机气动特性的研究方法。第3章研究了均匀、风切变和阵风等来流对风力机特性的影响，定量分析了风力机的近尾迹流动特性。在均匀来流下，叶轮的扭矩呈周期性变化。风力机近尾迹流动特性受到旋转叶片的强烈影响，并形成明显的轴向速度亏损，这种亏损随着流体向下游流动逐渐减弱。在近尾迹区域，流体的轴向诱导因子、切向诱导因子和径向速度受到风切变指数的影响，特别是径向速度。在叶片尖部的近尾迹区域，涡流诱导效应导致了较高的轴向速度梯度。在阵风作用下，叶轮的扭矩曲线基本与风速轮廓曲线保持一致。研究结果表明，动量－叶素理论方法设计的风力机叶片未达到最佳的气动性能。第4章采用模式算法与遗传算法的混合算法改进了 Kriging 代理模型，并对改进的 Kriging 代理模型进行了预测精度测试。将代理模型方法与 CFD 方法相结合，对 WindPACT 1.5MW 风力机叶片进行了几何外形优化。优化后，截面翼型的当地扭角均有所减小，风力机的扭矩提升了约3.45%。现有的预弯方法获得的风力机叶片，在一定程度上损失了叶片的输出功率。在本书中，以 Kriging 代理模型为基础，提出了一种风力机叶片预弯方法，预弯后叶片的输出功率略有增加。第5章和第6章研究了涡流发生器和前缘缝翼对翼型 S809 和叶片气动特性的影响，从流体动能传递和涡系运动轨迹方向，揭示了涡流发生器和前缘缝翼对翼型和叶片边界层流动分离的控制机理，将两种控制方式合理地布置在翼型吸力面前端，可以有效地提升翼型的升力系数，推迟失速现象的出现，增大失速攻角。卷起的涡系使外流区与边界层进行动能的交换，从而有效地控制翼型边界层的流动分离。将涡流发生器和前缘缝翼应用到 Phase Ⅵ 失速型风力机叶片上，从而提升风力机叶片的气动性能。最后，采用合理的涡流发生器布置方法，使叶轮的扭矩在一定风速范围内基本保持不变。

　　本书在编写过程中，参考了相关文献资料，在此，对文献作者表示衷心的感谢！

　　由于作者水平所限，书中不妥之处，敬请读者批评指正。

作　者

2023 年 5 月

目　　录

1 风力机气动特性

1.1 研究背景与意义

目前，全球石化燃料储备量下降，已经严重威胁到全球经济的可持续性发展和国家能源的安全利用。同时，传统的火力发电已经对环境造成严重的破坏，大气污染问题尤其突出。特别在过去一些年度的冬季，我国诸多重要城市持续地出现了严重的雾霾天气，影响到人们的日常生活和生命健康。因此，可再生的清洁能源成为最有效的选择，如太阳能、风能等。相比传统的能源，风能作为一种可再生能源，具有环境友好、可再生、资源丰富等优点。各国政府和许多科研机构高度重视风力发电技术的研发和应用，促使风力发电技术得到了快速的发展和提升。如今，风能开发利用的成本显著降低，使得风力发电技术已发展成一个成熟的、蓬勃发展的全球业务。在过去的二十年里，全球风力发电装机容量每年以20%~30%的速度持续增长。2022年，全球风力发电装机容量约为77.59GW，累计装机容量约为906GW[1]，如图1.1所示。2022年，我国风力发电装机容量为49.83GW，累计装机容量为390.56GW[2]，如图1.2所示。丹麦政府计划到2030年，风力发电占总电能的40%~50%[3]。我国《"十四五"可再生能源发展

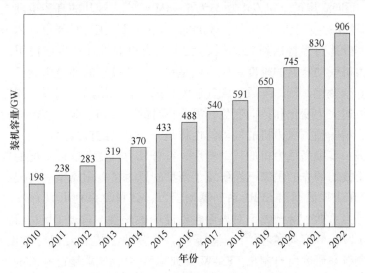

图 1.1 全球累计装机容量[1]

《规划》提出了我国风电、太阳能发电总装机容量达到 1200GW 以上的目标[4-5]。

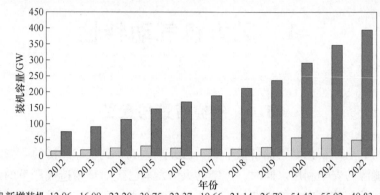

图 1.2　2012～2022 年中国新增和累计风电装机容量[2]

能源成本是制约风力发电技术发展和应用的关键因素。提高风电技术经济竞争能力的重点在于如何有效地降低风力发电的能源成本。风力发电的能源成本（COE）包括三个独立部分：风力机捕获能源的寿命、风力机的初始投资成本和风力机的运行维护成本。

降低风力发电能源成本的有效方法是提高风力机的可靠性和捕风能力。风力机气动特性的优劣决定了风力机的捕获能力。然而，随着风力发电技术快速发展，大型风力机不断投入使用。当前，在内陆的风场，风力机的单机发电功率为 2～5MW，而近海岸的单机发电功率为 5～8MW[6-7]。叶片的直径也随之增长，如 5MW 风力机叶片直径为 126m[8]。欧洲的 "Upwind" 工程将要设计 20MW 的海上风力机，其叶片直径将达到 252m[9]。大型风力机的设计和生产使用，增加了精确预测风力机气动特性的难度。风力机是在一个非稳态的环境中运行，由于大气边界层的复杂变化，例如阵风、大气湍流、风剪切和暴雨等因素。同时，风力机还要面对风速大小变化和风向变化，需要自身的变桨和偏航调整以适应当前的环境。因此，精确预测风力机的气动特性将是一个艰巨的挑战。

为了进一步提高风力机的气动特性，符合风力机复杂运行工况的要求，风能研发和利用技术领先的国家已经研发了新型的风力机专用翼型。美国可再生能源实验室（NREL）研制出 SERI 系列翼型[10-11]，该翼型系列可以有效地提高升阻比和最大升力系数，降低翼型对表面粗糙度的敏感性。丹麦 RISΦ 国家实验室研究设计的 RISΦ-A 系列翼型[12]，包括了 7 种翼型，其最大相对厚度从 12% 到 36%。瑞典航空研究所研制出 FFA-W 系列翼型[13]，该翼型已在 LM 公司的大型风力机上得到了应用。荷兰 Delft 大学研制的 Du 翼型族[14]，具有低噪声和前缘粗糙度不敏感等特性。"十二五"国家 863 计划先进能源技术领域"先进风力机翼型族设计与应用技术"项目研制了 CAS-W1-XXX 风力机专用翼型族[15-16]，弥补了该领域的不足。当前，我国是风力发电装备生产大国，也是风力发电利用大国，累计装机容量世界第一，但我国对先进的大型风力机设计和风力机气动特性的研究仍有不足。

1.2 气动特性的相关研究

现有的风力机以轴向划分主要有两种类型：水平轴风力机和垂直轴风力机。水平轴风力机是风力机的旋转轴平行于水平面，而垂直轴风力机是风力机的旋转轴垂直于水平面。现在大型的风力机主要是水平轴风力机，而垂直轴风力机以小型机为主。由于风力发电得到各个国家的重视，风力机的气动特性的研究也获得更多重视和快速发展，进一步推动风力发电技术的提高。风力机气动特性的研究可以划分为两部分：叶片气动性能预测和风力机尾迹特性研究。

1.2.1 叶片气动性能预测

1.2.1.1 动量－叶素理论

风力机叶片的优化设计主要是采用动量－叶素理论（blade element momentum theory，BEM）方法。1865 年，Rankine[17]基于线性动量理论，提出了简单的螺旋桨流场计算模型，奠定了动量理论在螺旋桨上应用的基础。R. E. Froude[18]在 Rankine 工作的基础上，进一步扩展了螺旋桨流场的计算模型，并详细地介绍了致动盘概念。致动盘概念是忽略螺旋桨的几何实体，简化为一个圆盘，流体的加速度依靠圆盘两侧的压力差获得。动量理论可以有效地获得螺旋桨上下游的流体流动特性，但是不能对螺旋桨进行设计。W. Froude[19]提出了诱导速度的概念，切向诱导速度是由螺旋桨旋转导致，而轴向诱导速度由船体的移动导致。基于 W. Froude 提出的诱导速度，研究者将螺旋桨叶片视为沿展向不同截段的二维叶素。考虑到螺旋桨叶片为有限的数量，Prandtl[20]提出了叶尖损失系数和轮毂损失系数。

动量－叶素理论最早应用在船和直升机的螺旋桨设计和性能预测上，可以有效地、快速地计算风力机叶片的气动性能[21-23]。动量－叶素理论是一个广泛应用于计算风力机叶片特性的工具，计算过程简单，求解速度快，可以得到一个相对满意的计算结果，在科研领域和工程应用得到快速发展。这个方法由 Glauert[24]提出，将一维动量理论和叶素理论相结合，决定了载荷沿叶片展向的分布。

一维动量理论将风力机假设为一个可穿透的致动圆盘，Lanchester[25]、Froude[18]和 Betz[26]等人分别将其应用到螺旋桨的性能预测上。

定义风力机功率系数 C_{po} 为:

$$C_{Po} = \frac{P}{\frac{1}{2}\rho A V_1^3} \tag{1.1}$$

$$C_{Po} = 4a(1-a)^2 \tag{1.2}$$

式中, a 为轴向诱导因子。

当 $a = 1/3$ 时, 风力机功率系数最大, 约为 59.3%, 此值称为 Betz 极限。它表示在理想情况下, 风力机最多能捕获 59.3% 的风的动能。Lanchester[25] 也获得了相同的结论, 因此这个值也称为 Lanchester-Betz 极限。

由于动量 – 叶素理论假设风力机叶片上的流动是二维的, 并没有考虑空气沿展向的流动。当叶片旋转运动时, 叶片上的离心力使边界层的空气向叶片流动, 而叶片上的科氏力产生一个附加的弦向压力梯度, 使得空气向尾缘流动。因此, 叶片表面的边界层变薄, 失速分离点向后移动, 即失速延迟现象。为了提高风力机叶片的设计方法和修正失速延迟过程, 一些学者提出了失速延迟模型, 用于修正动量 – 叶素理论。

Snel 等人[27]、Du 和 Selig[28]、Chaviaropoulos 和 Hansen[29]、Raj[30] 采用相同的模型修正了二维翼型的升力系数和阻力系数, 得到三维影响的升力系数和阻力系数。

$$C_{1,3-D} = C_{1,2-D} + g_{Cl}\Delta C_1 \tag{1.3}$$

$$C_{d,3-D} = C_{d,2-D} + g_{Cd}\Delta C_d \tag{1.4}$$

其中, 不同学者提出的动量叶片修正模型的差别是 g_{Cl} 和 g_{Cd} 两个系数的表达式不同。ΔC_1 和 ΔC_d 分别表示翼型在流动未分离获得升力系数和阻力系数与二元风洞实验获得升力系数和阻力系数的差值。

$$C_1 = 2\pi(\alpha_0 - \alpha_{lift=0}) \tag{1.5}$$

$$C_d = C_d(\alpha_0 = 0) \tag{1.6}$$

式中, $\alpha_{lift=0}$ 为翼型升力系数为零时, 所对应的攻角, 攻角的单位为弧度。

Snel 等人[27] 提出的修正模型, 是基于对旋转叶片上三维边界层方程的简化求解。该简化模型是对边界层方程进行了量级分析, 简化了层流向湍流的过渡过程, 并应用有粘 – 无粘迭代的方法求解了边界层积分方程。该方法最初应用于计算不同攻角下的压力分布和叶片载荷。Snel 等人采用该简化方程对风洞实验结果进行了拟合获得了修正模型的表达式:

$$g_{Cl} = 3(c/r)^2 \tag{1.7}$$

该修正模型并没有对阻力系数进行修正。

Du 和 Selig[28] 基于对风力机叶片的三维积分边界层方程量级分析, 并且分析了风力机叶片几何参数以及运行工况影响, 进一步扩展了 Snel 等人[27] 的工作。该模型表达式为:

$$f_1 = \frac{1}{2\pi} \left[\frac{1.6(c/r)}{0.1267} \frac{a_0 - (c/r)^{\frac{d_0}{\Lambda} \frac{R}{r}}}{b_0 + (c/r)^{\frac{d_0}{\Lambda} \frac{R}{r}}} - 1 \right] \tag{1.8}$$

$$f_d = \frac{1}{2\pi} \left[\frac{1.6(c/r)}{0.1267} \frac{a_0 - (c/r)^{\frac{d_0}{2\Lambda} \frac{R}{r}}}{b_0 + (c/r)^{\frac{d_0}{2\Lambda} \frac{R}{r}}} - 1 \right] \tag{1.9}$$

$$\Lambda = \Omega_0 R / \sqrt{V_\omega^2 + (\Omega_0 R)^2} \tag{1.10}$$

式中，c 和 r 分别为当地弦长和当地半径；R 为叶片半径；a_0、b_0 和 d_0 为经验值，均取 1。

Chaviaropoulos 和 Hansen[29] 提出的修正模型是通过求解风力机叶片径向的准三维不可压缩 N-S 方程得到的。在推导截面翼型的三维升力系数和阻力系数过程中，采用了压力修正算法。该模型可以应用到层流流动和湍流流动中，将二维风洞实验获得的翼型升力系数和阻力系数发展到修正的三维升力系数和阻力系数时，研究发现三维旋转效应与当地弦长和当地半径之间的比值以及叶片当地扭角两个参数有关。该模型参考了 Snel 等人[27] 提出的修正模型，其表达式为：

$$g_{Cl} = a_1 (c/r)^{h_1} \cos^{n_1}(\theta_0) \tag{1.11}$$

$$g_{Cd} = a_1 (c/r)^{h_1} \cos^{n_1}(\theta_0) \tag{1.12}$$

式中，θ_0 为当地扭角；$a_1 = 2.2$；$h_1 = 1$；$n_1 = 4$。

Raj[30] 在 Du 和 Selig[28] 提出的动量－叶素理论修正模型的基础上进行了改进，引入了叶片截面处的相对位置 r/R，其表达式为：

$$g_{Cl} = \frac{1}{2\pi} \left[\frac{1.6(c/r)}{0.1267} \frac{a_1 - (c/r)^{\frac{(r/R)^{n_1}}{d_1\lambda}}}{b_1 + (c/r)^{\frac{(r/R)^{n_1}}{d_1\lambda}}} - 1 \right] \left(1 - \frac{r}{R} \right) \tag{1.13}$$

$$g_{Cd} = \frac{1}{2\pi} \left[\frac{1.6(c/r)}{0.1267} \frac{a_d - (c/r)^{\frac{(r/R)^{n_d}}{d_d\lambda}}}{b_d + (c/r)^{\frac{(r/R)^{n_d}}{d_d\lambda}}} - 1 \right] \left(2 - \frac{r}{R} \right) \tag{1.14}$$

式中，$a_1 = 2.0$；$b_1 = 0.6$；$d_1 = 0.6$；$n_1 = 1.0$；$a_d = 1.0$；$b_d = 1.0$；$d_d = 0.3$；$n_d = 1.0$。

在 Banks 和 Gadd[31] 研究的基础上，Corrigan 和 Schillings[32] 基于对边界层压力梯度分析建立了一种失速延迟模型。Banks 和 Gadd 通过假设弦向和径向的边界层轮廓获取层流分离点，求解了三个层流边界层方程，例如弦向和径向的动量方程。同时，求解过程中耦合了科氏力和离心力。Corrigan 和 Schillings 引入一个延迟迎角来体现三维旋转效应导致的失速延迟：

$$\Delta\alpha_0 = (\alpha_{Clmax} - \alpha_0) \left[\left(\frac{Kc/r}{0.136} \right)^{n_2} - 1 \right] \tag{1.15}$$

式中，K 为无量纲速度梯度；α_{Clmax} 为升力系数第一个峰值所对应的攻角；n_2 为指数，取值建议在 0.8~1.6 之间。修正后的三维升力系数和阻力系数分别为：

$$C_{1,3-D}(\alpha_0 + \Delta\alpha_0) = C_{1,2-D}(\alpha_0) + \frac{\partial C_{1,\text{pot}}}{\partial \alpha_0}\Delta\alpha_0 \tag{1.16}$$

$$C_{d,3D}(\alpha_0 + \Delta\alpha_0) = C_{d,2D}(\alpha_0) \tag{1.17}$$

式中，$\dfrac{\partial C_{1,\text{pot}}}{\partial \alpha_0}$ 为在线性段翼型的升力系数斜率。

Lindenburg[33] 通过分析叶片尾缘分离流动提出了一种修正模型。将叶轮视为一个离心泵，流体在其作用下向径向移动，而流体在科氏力的作用下向尾缘移动。考虑科氏加速度对空气分离的影响，其失速延迟模型为：

$$C_{1,3-D} = C_{1,2-D} + 1.6(c/r)(\Omega_0 r/V_{\text{eff}})^2[(1-f)^2\cos\alpha_{\text{rot}} + 0.25\cos(\alpha_{\text{rot}} - \alpha_z)] \tag{1.18}$$

$$C_{d,3-D} = C_{d,2-D} + 1.6\sin(\alpha_{\text{rot}})(1-f)^2(c/r)(\Omega_0 r/V_{\text{eff}})^2 \tag{1.19}$$

$$\alpha_{\text{rot}} = \alpha_{2-D} + 1.6(0.25c/2\pi r)(\Omega_0 r/V_{\text{eff}})^2 \tag{1.20}$$

式中，$(1-f)$ 为从尾缘测的分离区长度与弦长的比值；Ω_0 为叶轮的转动角速度；V_{eff} 为叶片剖面的当地来流速度，包括轴向诱导速度和切向诱导速度；α_z 是翼型升力系数零所对应的攻角。

Lindenburg 的修正模型考虑了叶片尖部的升力损失，对于在叶片展向 80% 以外的区域，翼型升力系数的修正采用如下表达式：

$$C_{1,3-D.\text{tip}} = C_{1,2-D} - (\Omega_0 r/V_{\text{eff}})^2 e^{-1.5(AR)_{\text{out}}}\Delta C_1 \cdot C_{1,2-D}/C_{1,\text{pot}} \tag{1.21}$$

根据对 NREL/NASA 实验数据的分析，Bak 等人[34] 将旋转 Phase VI 叶片截面翼型与二维翼型两者的压力分布进行对比。通过对旋转叶片的压力、科氏力和离心力进行量级分析，得到 ΔC_p，对其积分可以得到 ΔC_n 和 ΔC_t，进而获得失速延迟模型。

$$\Delta C_p = \frac{5}{2}\left(1 - \frac{x}{c}\right)^2\left(\frac{\alpha - \alpha_{f=1}}{\alpha_{f=0} - \alpha_{f=1}}\right)^2\sqrt{1 + \left(\frac{R}{r}\right)^2}\frac{c}{r}\bigg/[1 + \tan^2(\alpha_0 + \theta_1)] \tag{1.22}$$

$$\max(\Delta C_p) = \frac{5}{2}\sqrt{1 + \left(\frac{R}{r}\right)^2}\frac{c}{r}\bigg/[1 + \tan^2(\alpha_0 + \theta_1)] \tag{1.23}$$

$$C_{n,3D} = C_{n,2D} + \Delta C_n \tag{1.24}$$

$$C_{t,3D} = C_{t,2D} + \Delta C_t \tag{1.25}$$

$$C_{1,3D} = C_{n,3D}\cos(\alpha_0) + C_{1,3D}\sin(\alpha_0) \tag{1.26}$$

$$C_{d,3D} = C_{n,3D}\sin(\alpha_0) - C_{1,3D}\cos(\alpha_0) \tag{1.27}$$

式中，x/c 为无量纲的弦向位置；$\alpha_{f=1}$ 为翼型即将发生流动分离的攻角；$\alpha_{f=0}$ 为翼型发生完全流动分离的迎角；θ_1 为当地扭转角与叶片桨距角之和。

在叶片三维旋转效应的基础上，钟伟[35] 对翼型的失速攻角延迟量和升力系数增量进行了修正，提出了一种失速延迟模型。

$$\alpha_{3D} = \alpha_{2D} + \Delta\alpha_p A_1 + (\Delta\alpha_v - \Delta\alpha_p) A_2 \tag{1.28}$$

式中，A_1 和 A_2 为分布函数。

　　Breton 等人[36]以 NREL Phase Ⅵ叶片为例，分别采用不同的失速延迟模型计算了叶片三个展现位置的升力系数和阻力系数，并将计算结果与试验进行了比较。结果显示，不同失速延迟模型之间的计算结果差异较大，而且与试验结果仍然存在显著差异，如图1.3所示。

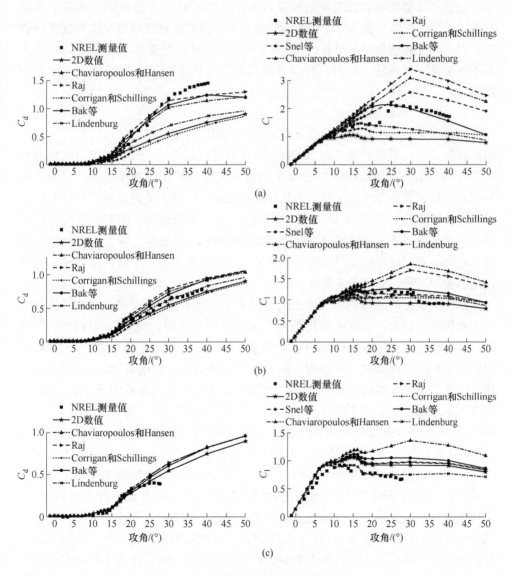

图1.3　对比不同失速延迟模型预测升力系数和阻力系数[36]

（a）$r/R = 0.3$；（b）$r/R = 0.6$；（c）$r/R = 0.9$

刘强等人[37]采用 BEM 方法和计算流体力学（computational fluid dynamics, CFD）方法分别对 NREL 5MW 风力机的气动特性进行计算。研究结果表明，高风速下 BEM 方法计算的功率和载荷偏大，失速延迟模型和叶尖损失修正模型也有较大误差，传统的修正模型有待进一步研究。

BEM 方法是一种高效的、省时的风力机叶片优化方法，然而该方法在计算风力机叶片气动性能过程中存在自身的限制。该理论模型是基于静态平衡尾迹的条件假设，翼型周围的扰流流场被视为平衡状态。BEM 方法采用二维翼型气动特性，即使一些学者提出叶尖损失、叶根损失以及失速延迟模型对该方法进行修正，但是其计算结果仍与试验结果和 CFD 计算结果存在差异。同时，BEM 方法并不能衡量大气湍流、阵风、叶尖涡脱落等复杂因素对风力机叶片气动性能的影响。

1.2.1.2　涡流理论

涡流理论最早在直升机旋翼上得到应用，用于对旋翼模型的设计及其气动性能的预测[38-39]。涡流理论是在 20 世纪 20 年代建立的[40]，于 50 年代得到快速发展及应用。Heyson 和 Katzoff[41]摒弃了桨盘均匀分布载荷的条件假设，应用一系列同心涡柱组成的变环量来建立涡系模型。Shicun[42]将涡流理论推广到广义涡流理论。贺德馨等人[43]详细介绍了涡流理论。根据涡流理论，旋翼的几何可以采用一组涡系来代替：即旋翼的桨叶用桨叶的附着涡、后缘拖出涡系以及螺旋形涡面来代替。对于尾迹模型，该理论一般采用刚性尾涡模型、半刚性尾涡模型和自由尾涡模型三种，如图 1.4 所示。

Zervos 等人[44]采用涡流理论方法模拟了非稳态来流对单个风力机和并排两个风力机流场的影响，以升力线模型代替风力机叶片几何。周文平和唐胜利[45]将涡流柱理论代替动量 – 叶素理论中的动量理论，建立了稳定偏航状态下 TUDelft 模型风力机气动性能的计算模型，还考虑了叶根旋涡和偏航对诱导速度的影响。研究结果表明，在轴向来流时，改进后的模型能较好地预测平均诱导速度因子，但在偏航工况下，对叶根和叶尖处的攻角计算误差较大。周文平等人[46]采用 Weissinger-L 升力面模型和时间推进自由尾涡模型研究风剪切、阵风对 NREL Phase Ⅵ 风力机气动性能的影响。李仁年和司小冬[47]提出一种水平轴风力机尾涡模型，将尾涡模型划分为近涡区和远涡区，并将该模型与刚性尾涡模型对比。结果显示，轴向诱导因子的分布趋势更加合理。Song 等人[48]基于自由尾涡模型，考虑下游涡面的影响，结合快速多极子算法并行求解毕奥 – 萨伐尔定理，优化了风力机叶片的弦长和扭角。Vaz 等人[49]采用涡流理论方法优化了水平轴风力机叶片弦长和扭角的分布，即以最大功率系数为优化目标，耦合计算了叶轮和尾迹的轴向诱导因子。Tescione 等人[50]采用自由尾涡模型数值模拟了三维垂直轴风力机的近尾迹动态特性，并且检验了该模型的灵敏度、稳定性和鲁棒性。结果显示，

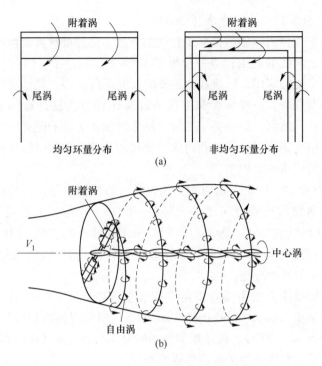

图 1.4 风力机叶片的涡系[38]

（a）静止时；（b）旋转时

在尖部涡系需要考虑稳定性问题；与试验结果相比，该数值模型可以获得一个较精确的结果。Shaler 等人[51]改进了自由尾涡模型，并将其应用在多风力机之间的相互干扰的研究中，详细地分析了尾迹结构、风力机功率和叶根的弯矩等参数。

一些学者以涡流理论方法为基础，在风力机叶片设计和气动性能预测中，考虑了动态来流等因素的影响。Chattot[52]基于涡流理论方法，考虑了叶片柔性和非稳态来流，耦合求解了流体力学和结构力学方程。Currin 等人[53]提出一个新的尾涡模型，用于计算动态偏航、复杂来流和气弹等对风力机气动特性的影响。Kecskemety 和 McNamara[54]将自由尾涡模型应用在 NREL 开发的 FAST 程序中，考虑了动态来流和气弹的影响，并采用风力机 NREL Phase Ⅵ叶片验证和确认了该模型。

涡流理论是一种介于 BEM 方法和 CFD 方法之间的方法，在计算精度和计算时间上获得很好的平衡。学者们已经将其应用到风力机叶片的几何优化和气动性能预测，并发展了涡流理论，使其适用于风力机领域的研究。涡流理论可以解决风剪切、阵风等动态来流问题，也可以解决风力机自身偏航对气动特性影响的问题。

1.2.1.3 计算流体力学方法（CFD）

CFD方法在流体力学领域是一个较新的方法。高性能计算集群的发展以及新湍流模型和耦合算法的提出，进一步推动CFD方法的进步。CFD方法在流体研究领域得到了广泛的应用，已经成为重要的研究手段之一，其湍流模型也是学者不断研究的重要领域。一些学者和工程师对现有CFD方法计算结果的准确性和精确性存在争议，然而，CFD方法的计算结果对试验方案的改进和提高具有重要指导性作用。CFD也有其他方法暂时无法比拟的优势，即其可以获得整体流场的数据和流场内的湍流波动形态。

20世纪90年代，CFD方法应用于风力机气动特性的研究，现已成为风力机叶片气动特性研究的重要方法之一。Wolfe和Ochs[55]基于商业代码CFD-ACE，研究翼型S809的气动特性。Duque等人[56]采用非稳态可压的CFD方法对Phase Ⅱ叶片进行了研究。Xu和Sankar[57]采用非稳态黏性CFD方法，研究了Phase Ⅱ和Phase Ⅲ叶片的气动特性。

现有的数值模拟方法主要有雷诺平均模型（Reynolds averaged navier-stokes，RANS）、大涡模拟（large eddy simulation，LES）模型以及直接模拟模型（direct numerical simulation，DNS）。湍流模型的选择对风力机气动性能的预测影响很大，对于结果的精确性和准确性都起到重要的作用。

Benjanirat[58-59]研究了水平轴NREL Phase Ⅵ风力机的气动性能，风速范围从7m/s到25.1m/s，选取三种湍流模型：Baldwin-Lomax模型、Spalart-Allmaras单方程模型和k-ε两方程模型。结果表明：三个湍流模型均能较好地预测叶片的法向载荷，对切向载荷、输出功率和扭矩的预测与试验存在一定的偏差，其中，k-ε两方程模型数值计算的结果比较精确。Tachos等人[60]研究了四种湍流模型对风力机三维流场的影响，湍流模型分别为Spalart-Allmaras湍流模型、k-ε湍流模型、RNG k-ε湍流模型和SST k-ω湍流模型，采用NREL Phase Ⅵ叶片为研究几何模型。结果表明：四种湍流模型计算结果可以较好地与试验结果保持一致性，尤其是SST k-ω湍流模型，如图1.5所示。同年，关鹏等人[61]也进行了相同研究。结果表明：RNG k-ε和SST k-ω两种湍流模型可以获得较好的压力系数分布；在不同工况下，将压力分布、功率系数和推力系数与试验结果对比，SST k-ω湍流模型更接近试验结果。杨瑞等人[62]、刘磊等人[63]、徐浩然等人[64]也得到相同的结果，SST k-ω湍流模型在失速工况下的预测精度优于其他单方程和两方程湍流模型。钟伟和王同光[65]以翼型S809和NREL Phase Ⅵ叶片为研究对象，对SST k-ω湍流模型中的封闭常数β^*进行了修正，将翼型S809上修正得到的最佳封闭常数应用于叶片三维流场的数值模拟，可显著提高失速状态下数值模拟结果的精确度。

在CFD方法数值模拟过程中，网格划分同样影响计算，一些学者对于翼型

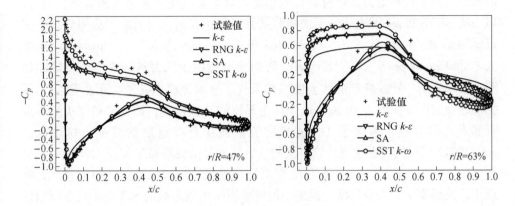

图 1.5　不同湍流模型计算的压力系数[60]

和风力机叶片的网格划分进行了研究。Moshfeghi 等人[66]研究了近壁面网格厚度和分布对风力机气动特性的影响,采用 O-型网格对叶片周围流场进行划分,边界层内的网格节点数从 7 到 21,共 9 个算例。结果显示,叶片气动特性的计算精度对边界层的节点数较敏感,当边界层节点数少于 15 个时,数值计算的结果不准确,尤其是在分离点附近。Esfahanian 等人[67]采用 C-型划分翼型 S809 的流场,依据 Somers[68]风洞试验得到的翼型不同攻角的转捩点,对整个计算流场划分三个区:层流区、湍流区和混合区,并对翼型吸力面的混合区进行加密处理。

转捩是流体从层流向湍流过渡过程,是一个重要的基础研究方向。随着对转捩现象的深入研究,人们认识到转捩现象对流动和传热具有重要影响。同时,也提出一些转捩模型并将其应用到数值计算中。Langtry 和 Sjolander[69]以 Blumer 和 Van Driest[70]提出的涡量雷诺数的概念基础上发展了一个转捩模型,对 SST k-ω 湍流模型进行了修正,并对该模型进行了一系列的试验验证;该转捩模型影响流体湍流强度、压力梯度和流动分离的预测,但是该模型以低雷诺数模型为基础,其应用的范围有局限性。

Menter 等人[71-74]基于动量损失厚度雷诺数和间歇因子两个输运方程,提出一个 γ-$R\tilde{e}_\theta$ 转捩模型,将该转捩模型在涡轮机械和空气动力应用方面进行了验证,包括圆柱的自由转捩、圆形前缘的分离诱导转捩和风力机翼型的自然转捩。

Xu 等人[75]分别验证了 Eppler 转捩模型和 Michel 转捩模型对风力机气动性能预测的影响。Langtry 等人[76-77]采用 γ-$R\tilde{e}_\theta$ 转捩模型预测风力机翼型 S809 和风力机叶片上的转捩,转捩模型预测的结果与试验结果一致,转捩模型非常适合于风力机空气动力学的预测。Sørensen 等人[78]将 γ-$R\tilde{e}_\theta$ 转捩模型应用在不可压 EllipSys2D/3D Navier-Stokes 方程求解器上,分别预测了翼型 NACA64-614 的升力系数与阻力系数和风力机 NREL Phase Ⅵ 的气动特性。结果表明,转捩模型预测的翼型升力系数和阻力系数符合试验结果，阻力系数优于全湍流的结果。同时，风力机 NREL Phase Ⅵ在失速下的预测结果得到了提高，吸力面的极限流线更接近试验结果。Laursen 等人[79]、Medida 等人[80]、Mo 等人[81]、Almohammadi 等人[82]和 Lanzafame 等人[83-84]将 $\gamma\text{-}Re_{\theta}$ 转捩模型应用于风力机叶片气动特性的预测。结果表明，转捩模型的数值模拟结果优于全湍流模拟结果。邓磊等人[85]根据线性稳定性分析的 e^N 方法数值计算边界层的转捩位置，耦合求解了 RANS 方程和附面层方程，考虑了 T-S 波和层流附面层分离造成的转捩，并计算了 NACA0012 翼型的流动扰流。该方法的计算结果与试验结果和 Xfoil 计算的结果进行比较，吻合性较好。钱炜祺等人[86]根据边界层转捩现象的具体物理特征，修正了湍流模型中的混合尺度，提出一种考虑间歇函数影响的 SST $k\text{-}\omega$ 两方程湍流模型，同时采用修正的湍流模型数值计算了平板湍流边界层和不同攻角下的 NACA0012 翼型绕流。侯银珠等人[87]依据二维雷诺平均 RANS 方程，并耦合 e^N 数据库方法，对风力机专用翼型 DU91-W2-250 的流场进行了转捩判断，数值计算中选取了 SA 湍流模型。研究结果表明，考虑转捩因素的数值计算结果更接近于试验结果，数值模拟风力机翼型流场的过程中，需要考虑转捩因素的影响。

致动方法是一种将风力机叶片几何外形使用体积力代替的方法，即将风力机叶片简化成一个圆盘或直线。由于不需要对风力机叶片的几何外形建模，数值计算中的模型简单，极大地减少了网格数量，有利于研究多台风力机相互干扰以及优化风场。Rajagopalan[88]提出了将动量理论中致动盘方法与 CFD 方法相结合，采用时间平均的体积力分布，并采用有限差分法对垂直轴风力机定常流场进行了求解。

Sharpe 等人在致动方法的基础上，考虑了尾迹旋转和扩散因素的影响。Sturge 等人[89]将致动盘方法与真实叶轮的 CFD 方法相结合，研究了上游风力机的不同位置对下游风力机气动特性的影响，上游风力机采用致动盘代替，而下游风力机为真实几何叶片。Castellani 和 Vignaroli[90]应用致动方法数值模拟了近海岸风场的尾迹，致动模型的压力数据由芬兰近海的小型风力机试验获得。结果显示，致动盘方法虽然简单，但可以有效地模拟风力机尾迹和风力机相互作用的尾迹。Réthoré 等人[91-92]提出一种通用的方法并重新分布了体积力分布，该方法对致动盘模型进行了离散，根据计算网格节点确定体积力的分布。韩毅等人[93]基于水平轴风力机的叶素 – 动量理论模型，采用切向速度诱导因子修正双致动盘 – 多流管气动模型，建立了相应的气动计算模型并模拟了垂直轴风力机气动性能；与美国 Sandia 国家实验室的数据进行了对比分析。结果表明：修正模型的气动载荷计算结果与相应试验结果符合性较好。许昌等人[94]提出了适用于风力发电机组尾流的数值计算方法，该方法通过引入附加动量源项来改进湍流方程的源项，对标准 $k\text{-}\varepsilon$ 湍流模型造成的尾流恢复过快的情况进行了改善，并计算了多种入流风速下 Nibe-B 和 Dawin180/23 风力机的尾流场。研究结果表明，改进后的湍流模型使数值模拟结果具有更高的预测精度，能够更好地模拟风力的机尾流流场。

Sørensen 等人[95] 在致动盘方法的基础上发展出了致动线方法，以升力线代替风力机叶片，并将体积力分布在升力线上。致动盘方法可以计算求解阵风、变桨等轴对称的非定常载荷，但对于非均匀来流不能求解，主要是因为致动盘方法自身轴对称假设的限制。致动线方法摒弃了轴对称假设，采用升力线代替叶片，可以有效解决风剪切、偏航来流等非均匀来流工况。Shen 等人[96] 将致动线代替 MEXICO 风力机叶片，采用大涡模拟方法对 10m/s、15m/s 和 24m/s 三个速度的风力机流场进行了模拟。Troldborg 等人[97-99] 基于致动线方法与大涡模拟，研究了湍流来流下的风力机尾迹，引入随时间变化的体积力。Zhong 等人[100] 将拉格朗日动态大涡模拟模型与致动线方法相结合，考虑了普朗特叶尖和轮毂损失模型，研究了三个尖速比下的 MEXICO 风力机近尾迹特性。朱翀等人[101] 基于高斯分布的致动线方法研究了 NH1500 叶片的气动特性，并将模拟结果与 BEM 理论、CFD 方法以及风洞试验获得的结果进行了系统性比较，致动线方法可以捕捉流场细节，与风洞试验吻合。王胜军等人[102] 采用致动线方法，研究了在切变入流风况下风力机的气动性能和尾迹特性；结果表明，地面阻力作用和风切变效应导致风力机尾迹存在明显的非对称特征。

Shen 等人[103-104] 进一步推动致动方法，提出了致动面方法，并采用致动面方法计算了翼型 NACA0015 和垂直风力机的流场，$Re = 1 \times 10^6$，攻角等于 $10°$，如图 1.6 所示。致动面方法除了需要给定翼型升力系数和阻力系数外，还需要提供翼型吸力面和压力面的压力分布以及摩擦力分布。

Sibuet Watters 等人[105-107] 采用了致动面方法并研究了 MEXICO 和 Phase Ⅲ 风力机的气动性能和尾迹特性，基于叶素分析和库塔 – 儒可夫斯基定理，确定了致动面模型中的速度和压力不连续性。致动面得到的结果与试验结果和其他数值方法得到的结果的对比分析：在高尖速比下，功率系数、推力系数和诱导因子均与试验结果保持一致；而在低尖速比下，叶片部分截面翼型发生失速，致动面方法获得的结果与试验结果存在一定偏差，特别是在叶片根部区域。Dobrev 等人[108-109] 提出一种致动面的压力降分布模型，根据动量 – 叶素理论计算截面翼型的压力降，以弦线代替截面翼型，在弦线四分之一处压力产生的转矩为零，该模型忽略了切向力的作用。因此，Dobrev 等人采用小圆柱体的体积力引入切向力。Kim 等人[110] 提出一种改进的致动面方法，引入叶片展向诱导速度的变化，同时忽略掉叶尖损失修正模型，对 NACA0015 固定翼、NREL 5MW 风力机和 DUT 10MW 风力机进行了改进致动面方法的验证。王强[111] 将黏性无黏耦合模型与致动面模型相结合，提出了改进的三维致动面模型，提高了捕捉叶片三维几何特性的能力，减小了体积力源项的分布误差。

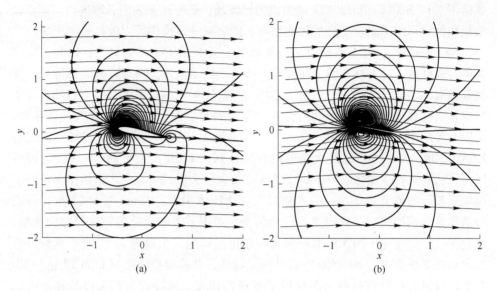

图 1.6   翼型 NACA0015 的流线和压力分布[104]
（a）雷诺平均模型；（b）致动面模型

1.2.1.4   试验方法

试验方法是科学研究的必要手段，其结果准确性和精确性可以通过改进试验方案和使用更加先进的仪器来提高。20 世纪 90 年代，国际能源署组织和资助了风能项目（IEA Annex）的研发，共有 7 个风能研究机构参与该项目的风场试验和风洞试验，主要研究不同尺寸的、不同控制方式的整机风力机气动特性。整个项目获得了大量的试验数据，并将该数据整理成文件供第三方科研机构使用。丹麦的 Tjaereborg 风力机是直径为 61.1m、功率为 2MW 的三叶片变桨控制风力机。1988 年，丹麦国家风能实验室[112]对 Tjaereborg 风力机进行了大量的风场试验，测试了来流风工况、控制风力机变桨和偏航参数、气动载荷和结构应变等变量在启动、停机以及各种运行状态下的试验数据。

美国可再生能源实验室（NREL）对风力机非定常气动特性（unsteady aerodynamics experiment，UAE）的研究进行了风场试验和风洞试验[113-117]，前五期实验为风场试验，第六期（Phase Ⅵ）则为风洞试验，如表 1.1 所示。在 NREL UAE 系列试验中，试验采用直径约为 10m、额定功率为 19.8kW 和额定转速为 71.63RPM 的失速型风力机，依据稳态的二元风洞试验获得的翼型气动数据对风力机叶片设计。在风力机叶片的设计过程中，基于动量－叶素理论方法，采用试验二元翼型气动数据。然而，当三维风力机叶片在复杂的大气湍流情况下运行，瞬态载荷以及输出功率峰值并不能很好的预测。NREL UAE 前五期风场试验对风力机变桨、偏航等运行工况进行了试验。由于是风场试验，风力机同样遭受大气湍流等复杂因素的影响。研究结果表明：在大气环境中，风力机非定常气动力是明显大于稳态下的气动力，而且增加了气动载荷的波动，进而导致风力机叶片结构响应和疲劳应力显著增大。

表1.1　NREL UAE 系列试验[35]

参数	Phase Ⅰ	Phase Ⅱ	Phase Ⅲ	Phase Ⅳ	Phase Ⅴ	Phase Ⅵ
试验时间	1988～1989 年	1989～1992 年	1995 年	1996 年,1997 年	1998 年	2000 年
叶片数	3	3	3	3	2	2
叶片形式	无扭转/等弦长	无扭转/等弦长	扭转/等弦长	扭转/等弦长	扭转/等弦长	扭转/变弦长
叶轮安装形式	下风式	下风式	下风式	下风式	下风式	上风式下风式
试验环境	外场	外场	外场	外场	外场	风洞

在 IEA Annex 项目中，前期试验主要是采用风场整机试验。对于大气边界的复杂来流，来流条件具有不可控性。在试验过程中，风剪切、阵风、大气湍流等因素对风力机气动特性的影响难以区分。在 IEA Annex 项目的后期，各国风能研究机构主要对风力机开展了大量风洞试验，其中，最为著名的是 NREL UAE 第六期风洞试验[117]。Phase Ⅵ试验是在 NASA Ames 24.4m × 36.6m 低速风洞中进行的全尺寸风力机试验，如图 1.7 所示。试验研究了 1700 多个风力机试验工况，风速范围从 5m/s 到 25.1m/s，低风速下桨距角为 ±180°，高风速下桨距角为 -20° ~ 10°。在叶片 5 个不同展向位置截面翼型的压力面和吸力面布置测压孔。

图 1.7　Phase Ⅵ风洞试验[117]

Phase Ⅵ试验研究了风力机变桨、偏航、上风式和下风式以及塔架的影响，得到了详细的叶片气动载荷和流动参数。

NREL 对风洞试验的结果进行了"盲比"试验[118]，18 个风能研究机构的 30 名专家参与"盲比"的试验，对比了 19 个不同的风力机数值研究模型。结果表明，不同的数值研究模型得到的结果与试验相差很大。在无偏航、稳态和未失速工况下，不同模型对风力机功率的预测结果差值为 25% ~175%；在高风速的失速工况下，预测结果的差值为 30% ~ 275%。

Abe 等人[119]采用试验方法和数值模拟方法研究了带扩散器的小型风力机流场，带有加速罩风力机的功率系数增大了约四倍。汪建文等人[120]同样采用试验方法和数值模拟方法研究了带扩散器的小型风力机流场。研究表明，试验结果和数值模拟结果的误差约为 10%，扩散放大器在最小截面处的流量比率增益约为 68%。Krogstad 和 Lund[121]基于动量－叶素理论设计小型风力机，通过试验方法和数值模拟方法评估了小型风力机的气动性能。Howard 等人[122]采用试验方法研究了大气湍流和复杂地貌对风力机气动特性的影响，基于 PIV 和热线测速技术，研究了风力机近尾迹流动特性和叶片的不稳定载荷波动。Danao 等人[123]研究不稳定来流对垂直轴风力机气动性能的影响，来流平均风速为 7m/s，不稳定波动包括平均风速的 7% 和 12%。Kishinami 等人[124]基于试验方法和理论方法，研究和分析了三种水平轴风力机的功率系数、推力系数和扭矩力系数。胡丹梅等人[125]利用旋转单斜丝热线测量了不同尖速比下风力机近尾迹流场速度，定量分析了近尾迹流场的轴向速度、切向速度和径向速度。结果表明，尾迹的中心形成的运动轨迹与叶片旋转方向相反，尾迹的速度亏损随流体向下游流场逐渐减弱。钟伟[35]采用荧光油膜法测量了叶片模型的全局表面摩擦力线，风力机叶片模型为 1/8 的 Phase Ⅵ 叶片，试验雷诺数为 $0.7 \times 10^5 \sim 1.5 \times 10^5$，并指出低雷诺数下转捩对叶片气动特性有重要影响。

1.2.2　风力机尾迹特性

风力机尾迹区域可以划分为近尾迹和远尾迹。近尾迹是从风力机叶片到下游大约 1 ~ 2 倍直径范围内的区域[126]。

在近尾迹区域内，流动特性受到叶片几何外形、叶轮转速等因素的影响。同时，风力机叶片的气动特性也受到近尾迹气流的影响。远尾迹是近尾迹下游的区域，主要受到风力机之间尾迹的相互作用、湍流模型、地形等因素的影响[127-128]。在风力机近尾迹区域，空气流动状态是复杂的、非稳态的。由于内外空气之间较大的速度梯度，形成一个强湍流波动的剪切层[128]，如图 1.8 所示。

风力机尾迹的研究方法主要为：动量－叶素理论、涡流理论、CFD 方法和试验方法。其中，致动方法与 CFD 方法相结合的方法在尾迹研究领域得到大量应用，以上研究方法在前文已经详细地介绍，此处不再介绍。

对于风力机近尾迹，尾迹结构的研究，尤其是速度场分布的研究，最终表征在风力机叶片的气动载荷上。因此，近尾迹流动特性的研究一直是风力机气动特性研究领域的重要方向。风力机尾迹的研究可以进一步揭示风力机叶片气动载荷波动、叶片动态失速等现象的机理，从而对指导风力机叶片气动性能预测的准确性和叶片几何外形设计起关键作用。风力机近尾迹风洞试验主要考虑了模型与风

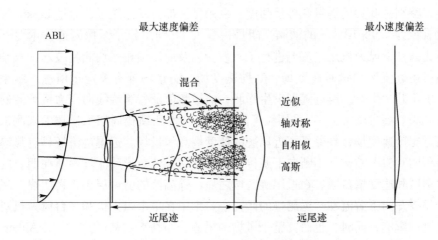

图1.8 风力机近尾迹和远尾迹[128]

洞比例、雷诺数以及获取完整的尾迹数据等方面开展研究，并将试验结果与数值模拟结果相互对比。近尾迹风洞试验主要研究均匀的、稳态的和平行流的流动，而关于风剪切、偏航、叶轮与塔架相互作用、动态来流、动态失速以及气动弹性等情况的研究较少。

近尾迹的可视化试验可以对尾迹流场进行定性分析。Alfredsson 和 Dahlberg[129-130]最先采用烟气可视化试验研究了小型风力机的尾迹，之后 Anderson[131]、Savino[132]、Eggleston[133]、Hand、Shimizu[134] 和 Vermeer[135-136]也进行风力机流场的可视化试验研究，如图1.9所示。为了更好地了解风力机尾迹的流动特性，快速响应压力传感器、热线测速技术、激光多普勒测速技术以及快速发展的粒子成像测速技术被应用在风力机尾迹研究中。

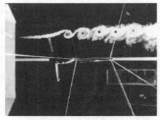

图1.9 风力机尾迹流动可视化试验[117,129,136]

Whale 等人[137-138]采用粒子成像测速技术研究了尖速比范围为 3~8 的两叶片的近尾迹特性，试验在一个带有循环泵的玻璃水箱展开（循环泵为保持稳定的流动），并将试验结果对比了涡格法的结果。Zhang 等人[139]研究了风切变和大气湍流对风力机近尾迹流动特性的影响，采用粒子成像测速技术来揭示了近尾迹的涡结构，特别是叶尖的涡量和旋涡强度，采用橄榄油为示踪粒子，通过 Laskin 喷嘴生成直径为 1.0×10^{-6}m 的油滴。胡丹梅等人[140]利用粒子图像测速技术对不同尖速比条件下风力机尾迹流场进行了测量，以及应用锁相平均测量技术，得到了风力机尾迹流场的瞬时速度场、时均速度场、涡量场等有关定量信息。结果表明，由于叶片生产的尾迹随即发生膨胀，涡量数值随着螺旋线向风力机下游的延伸而减小。高志鹰等人[141]采用粒子图像测速技术和锁相周期采样技术来测试风力机近尾迹速度场，并分析了近尾迹的速度场和涡量场。近尾迹流场具有形态特征强烈的叶尖涡结构并不断向下游传播，涡流诱导效应导致流场中存在明显的速度亏损区和速度增益区。在近尾迹区域之后，强湍流的剪切层已不再明显，尾迹完全发展并向下游流动。远尾迹的研究主要集中在单个风力机和多台风力机对下游尾迹的影响，同时，也研究整个风场的尾迹分布情况。Mo 等人[142]、Aitken 等人[143]、AbdelSalam 和 Ramalingam[144]数值模拟了风力机尾迹流场。Mo 指出在风力机下游 20 倍叶片直径处，流场仍受风力机旋转的影响；AbdelSalam 和 Ramalingam 指出在风力机下游 25 倍叶片直径处，流场的速度恢复到来流速度的 93%。

由于风力机叶片几何外形对远尾迹的影响较小，一些学者采用致动方法对风力机远尾迹进行了研究，充分利用致动方法计算时间短的优势，获得满意的计算精度，特别是对多台风力机和整个风场的尾迹研究。

1.2.3　边界层分离控制

普朗特（Prandtl）根据试验提出了边界层概念[145]。当运动的黏性流体绕流流经物体壁面时，流动区域可以划分为边界层和外流区。边界层是壁面附近的流体层；边界层之外的区域称为外流区，该区域的流体可视为理想的流体。

壁面摩擦力和逆压力梯度的存在是边界层流动分离的物理原因。流体在曲面的流动分离，如图 1.10 所示。图 1.10 中虚线外层表示外流区。假定各处壁面的曲率半径与边界层厚度相比很大，当流体流经曲面时，边界层之外的流动视为理想流体势流，边界层内 $\frac{\partial p}{\partial y} \approx 0$。在 A 至 C 区域（称为顺压梯度区），压强梯度小于零，壁面摩擦力消耗动能，但主流区的流体不断地流入边界层中，边界层外缘的速度不断增大。在 C 点处，压强梯度为零，边界层外缘速度达到最大值。在 C 至 E 区域，称为逆压梯度区。该区域逆压差和边界层外势流的减速使得边界层中的流动减速。同时，在壁面黏性摩擦力作用下，边界层内的流体动能不断地减小，直至 D 点处，流体动能已经全部被损耗，流动开始出现分离现象。

当来流攻角达到某个临界值之后，翼型的升力系数随攻角增大而迅速减小，阻力系数随攻角增大而迅速增大，称为失速现象。在飞机航行和风力机运行过程

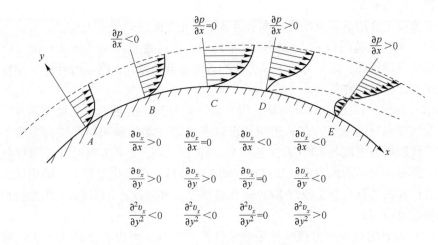

$$\frac{\partial p}{\partial x}<0 \qquad \frac{\partial p}{\partial x}=0 \qquad \frac{\partial p}{\partial x}>0 \qquad \frac{\partial p}{\partial x}>0$$

$$\frac{\partial v_x}{\partial x}>0 \qquad \frac{\partial v_x}{\partial x}=0 \qquad \frac{\partial v_x}{\partial x}<0 \qquad \frac{\partial v_x}{\partial x}<0$$

$$\frac{\partial v_x}{\partial y}>0 \qquad \frac{\partial v_x}{\partial y}>0 \qquad \frac{\partial v_x}{\partial y}=0 \qquad \frac{\partial v_x}{\partial y}<0$$

$$\frac{\partial^2 v_x}{\partial y^2}<0 \qquad \frac{\partial^2 v_x}{\partial y^2}<0 \qquad \frac{\partial^2 v_x}{\partial y^2}=0 \qquad \frac{\partial^2 v_x}{\partial y^2}>0$$

图 1.10　曲壁面边界层流动[145]

中需要极力避免失速现象的出现。1947 年，Taylor[146] 提出了涡流发生器的概念，将三角形或者矩形薄板安装在翼型的吸力面前缘，并且与来流成一定的角度。当流体流经涡流发生器生产高能的涡，该涡系将外流区的高动能流与边界层内的低动能流体进行动能交换，增加边界层内流体的动能和降低边界层的厚度，从而起到抑制或者推迟边界层流动分离。

　　涡流发生器是一种被动式的控制翼型流动分离的装置，其结构简单、应用广泛。涡流发生器按其尺寸大小可分为传统涡流发生器、亚边界层涡流发生器和微型涡流发生器。国内外对涡流发生器的研究和应用已取得了较多的成果。

　　综上所述，在近二十年，风力发电技术得到了快速发展。同时，学者也对风力发电技术展开了大量的研究。目前，叶片的优化设计主要是采用动量 – 叶素理论方法，该方法具有计算过程简单、求解速度快，可以得到一个相对满意的计算结果，在科研领域和工程应用得到快速发展。但是在叶片的优化设计过程中，叶素的升力系数和阻力系数应用了二维风洞试验数据。同时，在叶片旋转过程中，离心力使叶片周围的流体产生一个径向速度。从而，基于动量 – 叶素理论方法设计的风力机叶片，其气动性能与实际运行的气动性能存在一定的偏差。

　　风力机运行在复杂的大气环境下，叶片的扰流流场是复杂的、非稳态的。叶片附着涡、拖出的尾迹涡以及中心涡的相互作用，形成一个强湍流波动的剪切层。目前，风力机叶片的尺寸不断增大，风切变等复杂来流对风力机气动特性的影响更加显著，增大了叶轮载荷波动幅度。

　　涡流发生器可以控制翼型边界层的流动分离，并且提升翼型的气动性能。涡流发生器对风力机专用翼型气动特性影响的研究较少，主要集中在涡流发生器几何参数对翼型气动特性的影响。对涡流发生器控制翼型边界层流动机理的研究，仍存在一定的不足。

根据以上介绍的研究问题，本书将从以下几方面展开研究工作：

（1）采用数值模拟方法分别研究了均匀、风切变和阵风等复杂来流工况下风力机的气动特性，定量分析了风力机的近尾迹流动特性，揭示叶片的气动性能与近尾迹之间的内在关联。

（2）相对于传统的 BEM 方法，CFD 方法能够反映流场内的三维流动及叶片所承受气动载荷的细节，有利于指导设计者改进气动外形和局部结构强度等参数。将代理模型方法与 CFD 方法相结合，建立一套适合风力机叶片外形优化的方法，并对优化后的风力机叶片进行气动性能分析。在优化过程中，采用模式算法与遗传算法的混合算法改进 Kriging 代理模型，并对改进的 Kriging 代理模型的预测精度进行测试。

（3）现有的大型风力机叶片采取柔性预弯处理，可以有效增大叶尖与塔架之间的间隙，降低局部应力载荷，减少生产叶片的材料，从而降低叶片的制造成本。根据风力机叶片气动外形优化方法的基础上，提出了一种风力机叶片预弯方法，预弯后叶片的输出扭矩得到略微的提升。

（4）采用数值模拟方法研究了涡流发生器对翼型 S809 气动特性的影响，从流体动能传递方向和涡系运动轨迹的角度，揭示了涡流发生器对翼型边界层分离控制的机理，并对翼型升力系数、阻力系数、x 方向速度和涡量等流动参数定量分析，考虑涡流发生器的弦向位置因素。根据涡流发生器对翼型边界层控制机理的研究，进一步研究双排顺列的涡流发生器布置方式对翼型边界层的影响，并对其控制翼型边界层的机理进行了定性和定量分析。最后，将涡流发生器应用到失速型风力机上，并提出一种涡流发生器布置方法。

（5）研究了前缘缝翼对 S809 翼型和 Phase Ⅵ 叶片气动特性的影响。翼型和 Phase Ⅵ 叶片的流动可视为不可压缩流动，湍流模型选用 Transition SST 模型。详细分析和讨论了前缘缝翼几何参数对风力机气动特性的影响。

参 考 文 献

[1] GLOBAL WIND ENERGY COUNCIL. Global Wind Report 2023 ［R］. 2023.

［2］中国可再生能源学会风能专业委员会. 2022 年中国风电吊装容量统计简报 ［J］. 风能，2023，4：40-56.

［3］罗如意，林晔. 世界风电产业发展综述 ［J］. 可再生能源，2010，28：14-17.

［4］申桂英.《"十四五"可再生能源发展规划》发布 ［J］. 中国有色金属，2022，12：24.

［5］佚名.《"十四五"可再生能源发展规划》印发 ［J］. 节能与环保，2022，6：6.

［6］Jeon S, Kim B, Huh J. Comparison and verification of wake models in an onshore wind farm considering single wake condition of the 2MW wind turbine ［J］. Energy, 2015, 93：1769-1777.

［7］ 李晔. 国外大型风力机技术的新进展［J］. 应用数学和力学，2013，34（10）：1003-1011.

［8］ Malcolm D J, Hansen A C. WindPACT turbine rotor design study［R］. Washington：National Renewable Energy Laboratory, 2002.

［9］ Peeringa J, Brood R, Ceyhan O, et al. UpWind 20MW Wind Turbine Pre-Design［J］. ECN, Paper No. ECN-E-11-017, 2011.

［10］ Tangler J L, Somers D M. Status of the special-purpose airfoil families［R］. Golden USA：Solar Energy Research Inst；Hampton USA：Airfoils, Inc, 1987.

［11］ Tangler J L, Somers D M. NREL airfoil families for HAWTs［R］. Golden USA：National Renewable Energy Laboratory, 1995.

［12］ Fuglsang P, Bak C. Design and verification of the new Riso-A1 airfoil family for wind turbines［C］. ASME Wind Energy Symposium：American Society of Mechanical Engineers, 2001.

［13］ Bjork A. Coordinates and Calculations for the FFA-W1-xxx［R］. Stockholm Sweden：Swedish Institute of Aviation, 1990.

［14］ Timmer W A, Van Rooij R. Summary of the Delft University wind turbine dedicated airfoils［J］. Journal of Solar Energy Engineering, 2003, 125（4）：488-496.

［15］ 白井艳. 水平轴风力机专用翼型族试验分析及优化设计［D］. 北京：中国科学院研究生院（工程热物理研究所），2010.

［16］ 李宏利. 水平轴风力机专用翼型族的设计及其气动性能研究［D］. 北京：中国科学院研究生院（工程热物理研究所），2009.

［17］ Rankine W J M. On the mechanical principles of the action of propellers［J］. Transactions of the Institute of Naval Architects, 1865, 6：13-39.

［18］ Froude R E. On the part played in propulsion by differences of fluid pressure［J］. Transactions of the Institute of Naval Architects, 1889, 30：390-405.

［19］ Froude W. On the elementary relation between pitch, slip, and propulsive efficiency［J］. Technical Report Archive & Image Library, 1920.

［20］ Betz A. Schraubenpropeller mit geringstem Energieverlust. Mit einem Zusatz von l. Prandtl［J］. Nachrichten von der Gesellschaft der Wissenschaften zu Göttingen, Mathematisch-Physikalische Klasse, 1919：193-217.

［21］ Snel H. Review of aerodynamics for wind turbines［J］. Wind energy, 2003, 6（3）：203-211.

［22］ 张仲柱，王会社，赵晓路，等. 水平轴风力机叶片气动性能研究［J］. 工程热物理学报，2007，28（5）：781-783.

［23］ 曾庆川，刘浩，罗维奇，等. 基于改进叶素动量理论的水平轴风电机组气动性能计算［J］. 中国电机工程学报，2011，31（23）：129-134.

［24］ Glauert H. Airplane propellers［M］. Heidelberg Berlin：Aerodynamic theory, 1935：169-360.

［25］ Lanchester F W. A contribution to the theory of propulsion and the screw propeller［J］. Journal of the American Society for Naval Engineers, 1915, 27（2）：509-510.

［26］ Betz A. Das Maximum der theoretisch möglichen Ausnützung des Windes durch Windmotoren ［J］. Zeitschrift Für Das Gesamte Turbinenwesen, 1920, 26 (307/308/309): 8.

［27］ Snel H, Houwink R, van Bussel G J W, et al. Sectional prediction of 3-D effects for stalled flow on rotating blades and comparison with measurements ［R］. Petten: Energy Research Foundation ECN, 1993.

［28］ Du Z, Selig M S. A 3-D stall-delay model for horizontal axis wind turbine performance prediction ［J］. AIAA Paper, 1998, 21: 9-19.

［29］ Chaviaropoulos P K, Hansen M O L. Investigating three-dimensional and rotational effects on wind turbine blades by means of a quasi-3D Navier-Stokes solver ［J］. Journal of Fluids Engineering, 2000, 122 (2): 330-336.

［30］ Raj N V. An improved semi-empirical model for 3-D post-stall effects in horizontal axis wind turbines ［D］. Urbana USA: University of Illinois at Urbana-Champaign, 2000.

［31］ Banks W H H, Gadd G E. Delaying effect of rotation on laminar separation ［J］. AIAA Journal, 1963, 1 (4): 941.

［32］ Corrigan J J, Schillings J J. Empirical model for stall delay due to rotation ［C］. American Helicopter Society Aeromechanics Specialists Conference, San Francisco, CA, 1994, 21.

［33］ Lindenburg C. Investigation into rotor blade aerodynamics ［R］. ECN Report: ECN-C-03-025, 2003.

［34］ Bak C, Johansen J, Andersen P B. Three-dimensional corrections of airfoil characteristics based on pressure distributions ［C］. Proceedings of the European Wind Energy Conference, 2006: 1-10.

［35］ 钟伟. 分离失速下风力机气动力数值模拟研究 ［D］. 南京: 南京航空航天大学, 2012.

［36］ Breton S P, Coton F N, Moe G. A study on rotational effects and different stall delay models using a prescribed wake vortex scheme and NREL Phase Ⅵ experiment data ［J］. Wind Energy, 2008, 11 (5): 459-482.

［37］ 刘强, 杨科, 黄宸武, 等. 5MW 大型风力机气动特性计算及分析 ［J］. 工程热物理学报, 2012, 33 (7): 1155-1159.

［38］ Miller W O, Bliss D B. Direct periodic solutions of rotor free wake calculations ［J］. Journal of the American Helicopter Society, 1993, 38 (2): 53-60.

［39］ Leishman J G, Bhagwat M J, Bagai A. Free-vortex filament methods for the analysis of helicopter rotor wakes ［J］. Journal of Aircraft, 2002, 39 (5): 759-775.

［40］ 周文平. 时间步进自由尾迹方法建模及水平轴风力机气动性能分析 ［D］. 重庆: 重庆大学, 2011.

［41］ Heyson H H, Katzoff S. Induced velocities near a lifting rotor with nonuniform disk loading ［J］. Technical Report Archive & Image Library, 1957.

［42］ Shicun W. Generalized Vortex Theory of the Lifting Rotor of Helicopter ［R］. Washington, D. C.: Department of Defense USA, 1961.

［43］ 贺德馨, 等. 风工程与工业空气动力学 ［M］. 北京: 国防工业出版社, 2006: 80-97.

［44］ Zervos A, Huberson S, Hemon A. Three-dimensional free wake calculation of wind turbine wakes [J]. Journal of Wind Engineering and Industrial Aerodynamics, 1988, 27 (1): 65-76.

[45] 周文平, 唐胜利. 水平轴风力机稳定偏航气动性能计算 [J]. 太阳能学报, 2011, 32 (9): 1315-1320.

[46] 周文平, 唐胜利, 吕红. 风剪切和动态来流对水平轴风力机尾迹和气动性能的影响 [J]. 中国电机工程学报, 2012, 32 (14): 122-127.

[47] 李仁年, 司小冬. 一种水平轴风力机尾流模型及其计算方法 [J]. 兰州理工大学学报, 2012, 38 (1): 37-40.

[48] Song X, Chen J, Du G, et al. Aerodynamic Analysis and Optimization of Wind Turbines Based on Full Free Vortex Wake Model [C]. ASME Turbo Expo 2013: Turbine Technical Conference and Exposition. American Society of Mechanical Engineers, 2013.

[49] Vaz do Rio D A T D, Vaz J R P, Mesquita A L A, et al. Optimum aerodynamic design for wind turbine blade with a Rankine vortex wake [J]. Renewable Energy, 2013, 55: 296-304.

[50] Tescione G, Ferreira C J S, van Bussel G J W. Analysis of a free vortex wake model for the study of the rotor and near wake flow of a vertical axis wind turbine [J]. Renewable Energy, 2016, 87: 552-563.

[51] Shaler K, Kecskemety K M, McNamara J J. Wake Interaction Effects Using a Parallelized Free Vortex Wake Model [C]. 34th Wind Energy Symposium, 2016: 1520.

[52] Chattot J J. Helicoidal vortex model for wind turbine aeroelastic simulation [J]. Computers & Structures, 2007, 85 (11): 1072-1079.

[53] Currin H D, Coton F N, Wood B. Dynamic prescribed vortex wake model for AERODYN/FAST [J]. Journal of Solar Energy Engineering, 2008, 130 (3): 031007.

[54] Kecskemety K M, McNamara J J. Influence of wake dynamics on the performance and aeroelasticity of wind turbines [J]. Renewable Energy, 2016, 88: 333-345.

[55] Wolfe W P, Ochs S S. Predicting aerodynamic characteristic of typical wind turbine airfoils using CFD [R]. Albuquerque USA: Sandia National Labs, 1997.

[56] Duque E P N, van Dam C P, Hughes S C. Navier-Stokes Simulations of the Combined Experiment Phase II Rotor [C]. ASME Wind Energy Symposium, 1999.

[57] Xu G, Sankar L N. Development of engineering aerodynamics models using a viscous flow methodology on the NREL Phase VI rotor [J]. Wind Energy, 2002, 5 (2/3): 171-183.

[58] Benjanirat S, Sankar L N, Xu G. Evaluation of turbulence models for the prediction of wind turbine aerodynamics [C]. ASME 2003 Wind Energy Symposium. American Society of Mechanical Engineers, 2003: 73-83.

[59] Benjanirat S. Computational studies of the horizontal axis wind turbines in high wind speed condition using advanced turbulence models [D]. Atlanta: Georgia Institute of Technology, 2006.

[60] Tachos N S, Filios A E, Margaris D P. A comparative numerical study of four turbulence models for the prediction of horizontal axis wind turbine flow [J]. Proceedings of the Institution of Mechanical Engineers, Part C: Journal of Mechanical Engineering Science, 2010, 224

(9)：1973-1979.

[61] 关鹏，丁珏，翁培奋. 不同湍流模型对水平轴风力机三维粘性气流特性的影响 [J]. 太阳能学报，2010，31（1）：86-90.

[62] 杨瑞，李仁年，张士昂，等. 水平轴风力机 CFD 计算湍流模型研究 [J]. 甘肃科学学报，2008，20（4）：90-93.

[63] 刘磊，徐建中. 湍流模型对风力机叶片气动性能预估的影响 [J]. 工程热物理学报，2009，7：1136-1139.

[64] 徐浩然，杨华，刘超，等. 不同湍流模型对 MEXICO 风力机气动性能预测精度的研究 [J]. 中国电机工程学报，2013，33（35）：95-101.

[65] 钟伟，王同光. SST 湍流模型参数校正对风力机 CFD 模拟的改进 [J]. 太阳能学报，2014，9：1743-1748.

[66] Moshfeghi M，Song Y J，Xie Y H. Effects of near-wall grid spacing on SST-K-ω model using NREL Phase Ⅵ horizontal axis wind turbine [J]. Journal of Wind Engineering and Industrial Aerodynamics，2012，107：94-105.

[67] Esfahanian V，Pour A S，Harsini I，et al. Numerical analysis of flow field around NREL Phase Ⅱ wind turbine by a hybrid CFD/BEM method [J]. Journal of Wind Engineering and Industrial Aerodynamics，2013，120：29-36.

[68] Somers D. Design and experimental results for the S809 airfoil NREL [R]. Golden USA：National Renewable Energy Laboratory，1997.

[69] Langtry R，Sjolander S A. Prediction of transition for attached and separated shear layers in turbomachinery [C]. 38th AIAA/ASME/SAE/ASEE Joint Propulsion Conference and Exhibit，Indianapolis，2002.

[70] Blumer C B，Van Driest E R. Boundary layer transition-freesteam turbulence and pressure gradient effects [J]. AIAA Journal，1963，1（6）：1303-1306.

[71] Menter F R，Esch T，Kubacki S. Transition modelling based on local variables [C]. 5th International Symposium on Turbulence Modeling and Measurements，Mallorca，Spain，2002.

[72] Langtry R B，Menter F R. Transition modeling for general CFD applications in aeronautics [J]. AIAA Paper，2005，522：14.

[73] Menter F R，Langtry R B，Likki S R，et al. A correlation-based transition model using local variables—Part Ⅰ：model formulation [J]. Journal of Turbomachinery，2006，128（3）：413-422.

[74] Langtry R B，Menter F R，Likki S R，et al. A correlation-based transition model using local variables—Part Ⅱ：Test cases and industrial applications [J]. Journal of Turbomachinery，2006，128（3）：423-434.

[75] Xu G，Sankar L N. Effects of transition，turbulence and yaw on the performance of horizontal axis wind turbines [J]. AIAA Paper，2000，48：256-286.

[76] Langtry R B. A correlation-based transition model using local variables for unstructured parallelized CFD codes [D]. Stuttgart：University of Stuttgart，2006.

[77] Langtry R，Gola J，Menter F. Predicting 2D Airfoil and 3D Wind Turbine Rotor Performance

using a Transition Model for General CFD Codes ［C］. 44th AIAA Aerospace Sciences Meeting and Exhibit, 2006.

［78］ Sørensen N N. CFD modelling of laminar-turbulent transition for airfoils and rotors using the γ-model ［J］. Wind Energy, 2009, 12 (8): 715-733.

［79］ Laursen J, Enevoldsen P, Hjort S. 3D CFD quantification of the performance of a multi-megawatt wind turbine ［C］. Journal of Physics: Conference Series. IOP Publishing, 2007, 75 (1): 012007.

［80］ Medida S, Baeder J D. Application of the correlation-based γ-Re_θ transition model to the Spalart-Allmaras turbulence model ［C］. 20th AIAA Computational Fluid Dynamics Conference. Reston, 2011: 1-21.

［81］ Mo J O, Lee Y H. CFD Investigation on the aerodynamic characteristics of a small-sized wind turbine of NREL Phase Ⅵ operating with a stall-regulated method ［J］. Journal of Mechanical Science and Technology, 2012, 26 (1): 81-92.

［82］ Almohammadi K M, Ingham D B, Ma L, et al. Computational fluid dynamics (CFD) mesh independency techniques for a straight blade vertical axis wind turbine ［J］. Energy, 2013, 58: 483-493.

［83］ Lanzafame R, Mauro S, Messina M. Wind turbine CFD modeling using a correlation-based transitional model ［J］. Renewable Energy, 2013, 52: 31-39.

［84］ Lanzafame R, Mauro S, Messina M. 2D CFD modeling of H-Darrieus wind turbines using a transition turbulence model ［J］. Energy Procedia, 2014, 45: 131-140.

［85］ 邓磊, 乔志德, 熊俊涛. RANS 方程和附面层方程耦合求解转捩位置的方法 ［J］. 航空计算技术, 2009, 39 (1): 27-30.

［86］ 钱炜祺, 詹浩, 白俊强, 等. 一种基于湍流模式的转捩预测方法 ［J］. 空气动力学学报, 2006, 24 (4): 502-507.

［87］ 侯银珠, 宋文萍, 张坤. 考虑转捩影响的风力机翼型气动特性计算研究 ［J］. 空气动力学学报, 2010, 28 (2): 234-237.

［88］ Rajagopalan R G, Klimas P C, Rickerl T L. Aerodynamic interference of vertical axis wind turbines ［J］. Journal of Propulsion and Power, 1990, 6 (5): 645-653.

［89］ Sturge D, Sobotta D, Howell R, et al. A hybrid actuator disc-Full rotor CFD methodology for modelling the effects of wind turbine wake interactions on performance ［J］. Renewable Energy, 2015, 80: 525-537.

［90］ Castellani F, Vignaroli A. An application of the actuator disc model for wind turbine wakes calculations ［J］. Applied Energy, 2013, 101: 432-440.

［91］ Réthoré P E M, Sørensen N N, Zahle F. Validation of an actuator disc model ［C］. 2010 European Wind Energy Conference and Exhibition, 2010.

［92］ Réthoré P E, Laan P, Troldborg N, et al. Verification and validation of an actuator disc model ［J］. Wind Energy, 2014, 17 (6): 919-937.

［93］ 韩毅, 淡勇, 卢泽行. 双致动盘多流管修正模型在直叶片垂直轴风力机气动计算中的应用 ［J］. 机械科学与技术, 2014, 33 (11): 1748-1752.

[94] 许昌，韩星星，王欣，等．基于改进致动盘和拓展 k-ε 湍流模型的风力机尾流数值研究 [J]．中国电机工程学报，2015，35（8）：1954-1961.

[95] Sørensen J N, Kock C W. A model for unsteady rotor aerodynamics [J]. Journal of Wind Engineering and Industrial Aerodynamics, 1995, 58 (3): 259-275.

[96] Shen W Z, Zhu W J, Sørensen J N. Actuator line/Navier-Stokes computations for the MEXICO rotor: comparison with detailed measurements [J]. Wind Energy, 2012, 15 (5): 811-825.

[97] Troldborg N, Sørensen J N, Mikkelsen R. Actuator line simulation of wake of wind turbine operating in turbulent inflow [C]. Journal of Physics: Conference Series. IOP Publishing, 2007, 75 (1): 012063.

[98] Troldborg N, Sorensen J N, Mikkelsen R. Numerical simulations of wake characteristics of a wind turbine in uniform inflow [J]. Wind Energy, 2010, 13 (1): 86-99.

[99] Troldberg N. Actuator Line Modeling of Wind Turbine Wakes [D]. Lynby: Technical University of Denmark, 2008.

[100] Zhong H, Du P, Tang F, et al. Lagrangian dynamic large-eddy simulation of wind turbine near wakes combined with an actuator line method [J]. Applied Energy, 2015, 144: 224-233.

[101] 朱翀，王同光，钟伟．基于致动线方法的风力机气动数值模拟 [J]．空气动力学学报，2014，32（1）：85-91.

[102] 王胜军，张明明，刘梦亭，等．切变入流风况下风力机尾流特性研究 [J]．工程热物理学报，2014（8）：1521-1525.

[103] Shen W Z, Sørensen J N, Zhang J. Actuator surface model for wind turbine flow computations [C]. 2007 European Wind Energy Conference and Exhibition, 2007.

[104] Shen W Z, Zhang J H, Sørensen J N. The actuator surface model: a new Navier-Stokes based model for rotor computations [J]. Journal of Solar Energy Engineering, 2009, 131 (1): 011002.

[105] Sibuet W C, Breton S P, Masson C. Application of the actuator surface concept to wind turbine rotor aerodynamics [J]. Wind Energy, 2010, 13 (5): 433-447.

[106] Sibuet W C, Masson C. Modeling of lifting-device aerodynamics using the actuator surface concept [J]. International Journal for Numerical Methods in Fluids, 2010, 62 (11): 1264-1298.

[107] Breton S P, Sibuet W C, Masson C. Using the actuator surface method to model the three-bladed MEXICO wind turbine [C]. 48th AIAA Aerospace Sciences Meeting, 2010.

[108] Massouh F, Dobrev I, Rapin M. Numerical simulation of wind turbine performance using a hybrid model [C]. 44th AIAA Aerospace Sciences Meeting and Exhibit, 2006: 1-10.

[109] Dobrev I, Massouh F, Rapin M. Actuator surface hybrid model [C]. Journal of Physics: Conference Series. IOP Publishing, 2007, 75 (1): 012019.

[110] Kim T, Oh S, Yee K. Improved actuator surface method for wind turbine application [J]. Renewable Energy, 2015, 76: 16-26.

[111] 王强．水平轴风力机三维空气动力学计算模型研究 [D]．北京：中国科学院研究生院

（工程热物理研究所），2014.

[112] Elsamproject A. S. The Tjæreborg wind turbine-final report [R]. Technical Report EP92/ 334, CEG, DG XII Contract EN3W. 0048. DK, 1992.

[113] Butterfield C P, Musial W P, Simms D A. Combined Experiment Phase I. Final report [R]. Golden USA: National Renewable Energy Lab, 1992.

[114] Butterfield C P, Musial W P, Scott G N, et al. NREL Combined Experimental Final Report— Phase II [R]. Golden USA: National Renewable Energy Lab, 1992.

[115] Hand M M, Fingersh L J, Jager D W. Unsteady aerodynamics experiment Phases II-IV test configurations and available data campaigns [R]. Golden USA: National Renewable Energy Lab, 1999.

[116] Simms D, Hand M, Fingersh L J, et al. Unsteady aerodynamics experiment Phase V: Test configuration and available data campaigns [R]. Golden USA: National Renewable Energy Lab, 2001.

[117] Simms D A, Fingersh L J, Jager D W, et al. Unsteady aerodynamics experiment Phase VI: wind tunnel test configurations and available data campaigns [R]. Golden USA: National Renewable Energy Laboratory, 2001.

[118] Schreck S, Hand M, Fingersh L J. NREL unsteady aerodynamics experiment in the NASA-Ames wind tunnel: a comparison of predictions to measurements [R]. Golden USA: National Renewable Energy Laboratory, 2001.

[119] Abe K, Nishida M, Sakurai A, et al. Experimental and numerical investigations of flow fields behind a small wind turbine with a flanged diffuser [J]. Journal of Wind Engineering and Industrial Aerodynamics, 2005, 93 (12): 951-970.

[120] 汪建文, 孙科, 辛士红, 等. 风力机扩散放大器的数值分析与风洞实验研究 [J]. 华中科技大学学报: 自然科学版, 2005, 33 (12): 37-40.

[121] Krogstad P Å, Lund J A. An experimental and numerical study of the performance of a model turbine [J]. Wind Energy, 2012, 15 (3): 443-457.

[122] Howard K B, Chamorro L P, Guala M. An experimental case study of complex topographic and atmospheric influences on wind turbine performance [C]. AIAA Aerospace Sciences Meeting, Dallas, 2013.

[123] Danao L A, Eboibi O, Howell R. An experimental investigation into the influence of unsteady wind on the performance of a vertical axis wind turbine [J]. Applied Energy, 2013, 107: 403-411.

[124] Kishinami K, Taniguchi H, Suzuki J, et al. Theoretical and experimental study on the aerodynamic characteristics of a horizontal axis wind turbine [J]. Energy, 2005, 30 (11): 2089-2100.

[125] 胡丹梅, 欧阳华, 杜朝辉. 水平轴风力机尾迹流场试验 [J]. 太阳能学报, 2006, 27 (6): 606-612.

[126] Sørensen J N. Instability of helical tip vortices in rotor wakes [J]. Journal of Fluid Mechanics, 2011, 682: 1-4.

[127] Vermeer L J, Sørensen J N, Crespo A. Wind turbine wake aerodynamics [J]. Progress in Aerospace Sciences, 2003, 39 (6): 467-510.

[128] Sanderse B. Aerodynamics of wind turbine wakes [R]. Petten: The Netherlands Energy Research Center of the Netherlands (ECN), 2009, 5 (15): 153.

[129] Alfredsson P H, Dahlberg J A. A preliminary wind tunnel study of windmill wake dispersion in various flow conditions [R]. Technical note AV-1499. part 7, FFA—The Aeronautical Research Institute of Sweden, Stockholm, Sweden, 1979.

[130] Alfredsson P H, Dahlberg J A. Measurements of wake interaction effects on the power output from small wind turbine models [R]. Washington: NASA STI/Recon Technical Report N, 1981.

[131] Anderson M B, Milborrow D J, Ross N J. Performance and wake measurements on a 3m diameter horizontal axis wind turbine: comparison of theory, wind tunnel and field test data [M]. Washington: Department of Energy Energy Technology Support Unit, 1982.

[132] Savino J M, Nyland T W. Wind turbine flow visualization studies [C]. Proceedings of the Windpower '85 Conference, Washington, DC: American Wind Energy Association, 1985: 559-564.

[133] Eggleston D M, Starcher K. A comparative study of the aerodynamics of several wind turbines using flow visualization [J]. Journal of Solar Energy Engineering, 1990, 112 (4): 301-309.

[134] Shimizu Y, Kamada Y. Studies on a horizontal axis wind turbine with passive pitch-flap mechanism [J]. Journal of Fluids Engineering, 2001, 123 (3): 516-522.

[135] Vermeer N J. Velocity measurements in the near wake of a model rotor [C]. Fourth Dutch National Wind Energy Conference, Noordwijkerhout, The Netherlands, 1988: 209-212.

[136] Vermeer L J. A review of wind turbine wake research at TU Delft [C]. 2001 ASME Wind Energy Symposium, AIAA-2001-00030, 2001: 103-113.

[137] Whale J, Anderson C G. An experimental investigation of wind turbine wakes using particle image velocimetry [J]. 1993.

[138] Whale J, Anderson C G, Bareiss R, et al. An experimental and numerical study of the vortex structure in the wake of a wind turbine [J]. Journal of Wind Engineering and Industrial Aerodynamics, 2000, 84 (1): 1-21.

[139] Zhang W, Markfort C D, Porté-Agel F. Near-wake flow structure downwind of a wind turbine in a turbulent boundary layer [J]. Experiments in Fluids, 2012, 52 (5): 1219-1235.

[140] 胡丹梅, 田杰, 杜朝辉. 水平轴风力机尾迹流场 PIV 实验研究 [J]. 太阳能学报, 2007, 28 (2): 200-206.

[141] 高志鹰, 汪建文, 东雪青, 等. 水平轴风力机近尾迹流场结构的实验研究 [J]. 太阳能学报, 2011, 32 (6): 897-900.

[142] Mo J O, Choudhry A, Arjomandi M, et al. Large eddy simulation of the wind turbine wake characteristics in the numerical wind tunnel model [J]. Journal of Wind Engineering and Industrial Aerodynamics, 2013, 112: 11-24.

［143］ Aitken M L, Kosović B, Mirocha J D, et al. Large eddy simulation of wind turbine wake dynamics in the stable boundary layer using the Weather Research and Forecasting Model ［J］. Journal of Renewable and Sustainable Energy, 2014, 6 （3）: 033137.

［144］ AbdelSalam A M, Ramalingam V. Wake prediction of horizontal-axis wind turbine using full-rotor modeling ［J］. Journal of Wind Engineering and Industrial Aerodynamics, 2014, 124: 7-19.

［145］ 李福宝, 李勤, 王德喜, 等. 流体力学 ［M］. 北京: 冶金工业出版社, 2010: 122-125.

［146］ Taylor H D. The elimination of diffuser separation by vortex generators ［R］. East Hartford: United Aircraft Corporation, 1947.

2 水平轴风力机气动特性的研究方法

本章主要介绍了文中所应用的风力机气动特性基础理论。本书的第3~5章均采用数值模拟方法来研究风力机叶片和翼型的气动特性，在第5章中，通过动量－叶素理论预测了风力机叶片的气动性能。数值模拟方法可以有效地揭示整个风力机流场的流动特性，给出叶片的气动性能和尾迹特性。最后，对选取的湍流模型、网格划分方法和转捩模型进行了数值验证，并将数值结果与 NREL 试验结果进行了对比。

2.1 动量－叶素理论方法

2.1.1 动量理论

动量理论将叶轮简化成一个致动盘，描述了作用力与来流风速之间的关系，叶轮上游和下游可以视为一个流管。假设，流体的质量流率不变，空气流经叶轮后，流管扩张和流速降低，如图 2.1 所示。桨盘上没有摩擦力，风力机前后远方的静压相等。

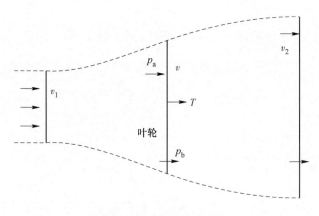

图 2.1 动量理论模型

根据动量理论，流体作用在叶轮 dr 圆环上的推力可表示为：

$$dT_0 = dm(v_1 - v_2) \tag{2.1}$$

式中，dm 为单位时间内流经叶轮 dr 圆环上的空气流量。

$$dm = \rho v dA = 2\pi \rho v r dr \qquad (2.2)$$

式中，dA 为风力机平面 dr 圆环的面积；v 为流经叶轮的速度；定义轴向诱导因子 $a = v_a / v_1$，v_a 为叶轮处的轴向诱导速度。

$$v = v_1 (1 - a) \qquad (2.3)$$

$$v_2 = v_1 (1 - 2a) \qquad (2.4)$$

由式（2.3）和式（2.4）可知，叶轮下游的轴向诱导速度是叶轮处轴向诱导速度的两倍，则轴向诱导因子 a 为：

$$a = \frac{1}{2} - \frac{v_2}{2v_1} \qquad (2.5)$$

定义切向诱导因子 b 为：

$$b = \frac{\omega_0}{2\Omega_0} \qquad (2.6)$$

式中，Ω_0 为风力机转动角速度；ω_0 为 r 处的切向诱导角速度。

将式（2.2）~式（2.4）代入式（2.1）中可得到：

$$dT_0 = 4\pi \rho v_1^2 a (1 - a) r dr \qquad (2.7)$$

将式（2.7）积分可得式（2.8），即空气作用在叶轮上的推力：

$$T_0 = \int dT_0 = 4\pi \rho v_1^2 a (1 - a) r dr \qquad (2.8)$$

式中，r 为叶轮的半径。

作用在叶轮 dr 圆环上的转矩可表示为：

$$dM = dm(v_t r) = 2\pi \rho v \omega_0 r^3 dr \qquad (2.9)$$

式中，v_t 为叶轮 r 处的切向诱导速度，$v_t = \omega_0 r$。

将式（2.3）和式（2.6）代入式（2.9）中可得到：

$$dM = 4\pi \rho \Omega_0 v_1 b (1 - a) r^3 dr \qquad (2.10)$$

将式（2.10）积分可得式（2.11），即空气作用在叶轮上的扭矩：

$$M = \int dM = 4\pi \rho \Omega_0 v_1 \int_0^R b (1 - a) r^3 dr \qquad (2.11)$$

叶轮轴功率是叶轮转矩与角速度的乘积：

$$P = \int dP = \int \Omega_0 dM = 4\pi \rho \Omega_0^2 v_1 \int_0^R b (1 - a) r^3 dr \qquad (2.12)$$

叶轮尖速比为 $\lambda = \dfrac{\Omega_0 R}{v_1}$，叶轮的扫掠面积 $A = \pi R^2$，则式（2.12）可表示为：

$$P = \frac{1}{2} \rho A v_1^3 \frac{8\lambda^2}{R^4} \int_0^R b (1 - a) r^3 dr \qquad (2.13)$$

风能利用系数可表示为：

$$C_{P_0} = \frac{8\lambda^2}{R^4} \int_0^R b (1 - a) r^3 dr \qquad (2.14)$$

2.1.2　叶素理论

　　叶素理论的基本思想是将风力机叶片沿展向分成多个气动性能独立的微段，每一个微段称为一个叶素，即叶素可以看作是二维翼型。将作用在每个叶素上的力和力矩沿着展向积分，可以求得作用在风力机叶轮上的力和力矩。将来流速度分解为轴向速度 v_{x0} 和切向速度 v_{y0}，轴向速度垂直于叶片的旋转平面，切向速度平行于叶轮旋转平面，如图2.2所示。由动量理论可得：

$$v_{x_0} = v_1(1-a) \tag{2.15}$$

$$v_{y_0} = \Omega_0 r(1+b) \tag{2.16}$$

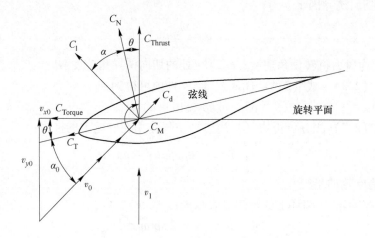

图2.2　叶素的气动特性系数和来流速度

　　叶素处的气流速度 v_0 为：

$$v_0 = \sqrt{v_{x0}^2 + v_{y0}^2} = \sqrt{(1-a)^2 v_1^2 + (1+b)^2 (\Omega_0 r)^2} \tag{2.17}$$

叶素处的入流角 φ 和攻角 α_0 分别可表示为：

$$\varphi = \arctan \frac{(1-a)v_1}{(1+b)\Omega_0 r} \tag{2.18}$$

$$\alpha_0 = \varphi - \theta_0 \tag{2.19}$$

扭矩系数 C_{Torque} 和推力系数 C_{Thrust} 可以通过切向系数 C_T 和法向系数 C_N 得到

$$C_{\text{Torque}} = C_N \sin(\theta_0) + C_T \cos(\theta_0) \tag{2.20}$$

$$C_{\text{Thrust}} = C_N \cos(\theta_0) - C_T \sin(\theta_0) \tag{2.21}$$

法向力系数和切向力系数为：

$$C_N = C_1 \cos\alpha + C_d \sin\alpha \tag{2.22}$$

$$C_T = C_1 \sin\alpha - C_d \cos\alpha \tag{2.23}$$

作用在叶轮 dr 圆环上的推力可表示为：

$$\mathrm{d}T_0 = \frac{1}{2}B\rho c v_0^2 C_{\text{Thrust}}\mathrm{d}r \qquad (2.24)$$

式中，B 为叶片数。

作用在叶轮 $\mathrm{d}r$ 圆环上的转矩为：

$$\mathrm{d}M = \frac{1}{2}B\rho c v_0^2 C_{\text{Torque}}r\mathrm{d}r \qquad (2.25)$$

2.1.3 动量－叶素理论

由动量理论可知，作用在风力机叶片上的力和力矩需要通过轴向诱导因子和切向诱导因子计算，由式（2.7）和式（2.24）可得：

$$a(1-a) = \frac{\sigma}{4}\frac{v_0^2}{v_1^2}C_{\text{Thrust}} \qquad (2.26)$$

其中，

$$\sigma = \frac{Bc}{2\pi r} \qquad (2.27)$$

由式（2.15）可得：

$$\sin\varphi = \frac{(1-a)v_1}{v_0} \qquad (2.28)$$

将式（2.26）代入式（2.28）得：

$$\frac{a}{1-a} = \frac{\sigma C_{\text{Thrust}}}{4\sin^2\varphi} \qquad (2.29)$$

同理，由式（2.10）、式（2.25）和式（2.27）可得：

$$b(1-a) = \frac{\sigma v_0^2}{4v_1\Omega_0 r}C_{\text{Torque}} \qquad (2.30)$$

由式（2.16）可得：

$$\cos\varphi = (1+b)\frac{\Omega_0 r}{v_0} \qquad (2.31)$$

将式（2.28）和式（2.31）代入式（2.30）可得：

$$\frac{b}{1+b} = \frac{\sigma C_{\text{Torque}}}{4\sin\varphi\cos\varphi} \qquad (2.32)$$

考虑普朗特尖叶损失修正因子：

$$F_a = \frac{2}{\pi}\arccos\left[\exp\left(-\frac{B}{2}\times\frac{R-r}{r\sin\varphi}\right)\right] \qquad (2.33)$$

则式（2.29）和式（2.32）可以表示为：

$$\frac{a}{1-a} = \frac{\sigma C_{\text{Thrust}}}{4F_a\sin^2\varphi} \qquad (2.34)$$

$$\frac{b}{1+b}=\frac{\sigma C_{\mathrm{Torque}}}{4F_a\sin\varphi\cos\varphi} \tag{2.35}$$

对式（2.20）~式（2.23）、式（2.34）和式（2.35）迭代方法求解轴向诱导因子和切向诱导因子，直到迭代结果的误差小于设定值，迭代收敛。

（1）威尔森（Wilson）修正方法。当 $a>0.38$ 时，将式（2.34）由以下公式代替：

$$\frac{0.587+0.96a}{(1-a)^2}=\frac{\sigma C_{\mathrm{Thrust}}}{4F_a\sin^2\varphi} \tag{2.36}$$

（2）葛劳渥特（Glarert）修正方法。当 $a>0.2$ 时，将式（2.34）中轴向诱导因子由以下公式代替：

$$a=\frac{1}{2}\left[2+k_0(1-2a_c)\right]-\sqrt{\left[2+k_0(1-2a_c)\right]^2+4(k_0a_c^2-1)} \tag{2.37}$$

式中，a_c 为常数。

$$k_0=\frac{4F_a\sin^2\varphi}{\sigma C_{\mathrm{Thrust}}} \tag{2.38}$$

$$a_c\approx0.2 \tag{2.39}$$

当风力机叶轮的锥角不为零时，则式（2.34）和式（2.35）可分别表示为：

$$\frac{a}{1-a}=\frac{\sigma_\chi C_{\mathrm{Thrust}}\cos^2\chi}{4\sin^2\varphi} \tag{2.40}$$

$$\frac{b}{1+b}=\frac{\sigma_\chi C_{\mathrm{Torque}}}{4\sin\varphi\cos\varphi} \tag{2.41}$$

$$\sigma_\chi=\frac{Bc}{2\pi r\cos\chi} \tag{2.42}$$

当考虑普朗特叶尖损失修正因子，则式（2.41）和式（2.42）可分别表示为：

$$\frac{a}{1-a}=\frac{\sigma_\chi C_{\mathrm{Thrust}}\cos^2\chi}{4F_a\sin^2\varphi} \tag{2.43}$$

$$\frac{b}{1+b}=\frac{\sigma_\chi C_{\mathrm{Torque}}}{4F_a\sin^2\varphi\cos\varphi} \tag{2.44}$$

则扭矩系数表达式为：

$$C_{\mathrm{Torque}}=C_{\mathrm{N}}\sin(\theta_0)\cos\chi+C_{\mathrm{T}}\cos(\theta_0)\sin\chi \tag{2.45}$$

2.2　CFD 数值模拟方法

随着大型工作站和高性能计算平台在科研领域的应用，计算流体力学得到了日新月异的发展。数值模拟方法已成为风力机流场研究的一种有效方法。与试验方法相比，数值模拟方法可以获得整个风力机流场的计算数据，有利于揭示流体运动的特性。通过数值模拟方法获得风力机流场的结果，可以为风力机叶片设计和试验改进提供一定的参考依据。

2.2.1 控制方程

对于风力机叶片的扰流流动，叶片尖部的速度一般小于 100m/s，即马赫数小于 0.3。因此，风力机叶片的扰流流动可视为不可压缩流动。假设风力机叶片的扰流流动为绝热问题，故本书求解的流动控制方程包括连续方程和动量方程。

连续方程表达式：

$$\nabla \cdot (\vec{v}) = 0 \tag{2.46}$$

本书数值模拟求解的动量方程是基于雷诺平均的三维不可压 Navier-Stokes 方程，其表达式为：

$$\frac{\partial}{\partial t}(\vec{v}) + \nabla \cdot (\vec{v}\,\vec{v}) = -\frac{1}{\rho}\nabla p + \frac{1}{\rho}\nabla \cdot (\bar{\bar{\tau}}) \tag{2.47}$$

$$\bar{\bar{\tau}} = \mu \left[\left(\frac{\partial v_i}{\partial x_j} + \frac{\partial v_j}{\partial x_i} \right) - \frac{2}{3}(\nabla \cdot \vec{v}\delta_{ij}) \right] \tag{2.48}$$

式中，p 为流体微元体上的静压；τ 为剪切应力张量。

2.2.2 湍流模型

本书所选用的湍流模型为 Shear Stress Transport（以下简称 SST）$k\text{-}\omega$ 湍流模型。由 Menter[1] 提出的 SST $k\text{-}\omega$ 湍流模型，其混合 $k\text{-}\omega$ 模型稳定性和 $k\text{-}\varepsilon$ 模型独立性的优势，在近壁面采用 $k\text{-}\omega$ 模型，而在流动的远场采用 $k\text{-}\varepsilon$ 模型。对于湍流模型的选取，参考了已发表的文献。Tachos N S 等人[2] 采用四种不同的雷诺平均湍流模型计算了 Phase Ⅱ 叶片三维流场，并将模拟结果与 Phase Ⅱ 的试验数据相比较，其中 SST $k\text{-}\omega$ 湍流模型的结果吻合试验结果。Sørensen 等人[3] 采用 CFD 方法和 SST $k\text{-}\omega$ 湍流模型数值模拟了 Phase Ⅵ 叶片的非稳态流场，将数值模拟结果与 NREL/NASA 的风洞结果进行了对比。同时，还有其他相关的文献选用 SST $k\text{-}\omega$ 湍流模型数值研究风力机的气动特性[4-8]。

SST $k\text{-}\omega$ 湍流模型的输运方程为：

$$\rho\frac{\partial}{\partial t}(k) + \rho\frac{\partial}{\partial x_i}(ku_i) = \frac{\partial}{\partial x_j}\left(\Gamma_k \frac{\partial k}{\partial x_j} \right) + G_k - Y_k + S_k \tag{2.49}$$

$$\rho\frac{\partial}{\partial t}(\omega) + \rho\frac{\partial}{\partial x_i}(\omega u_j) = \frac{\partial}{\partial x_j}\left(\Gamma_\omega \frac{\partial \omega}{\partial x_j} \right) + G_\omega - Y_\omega + D_\omega + S_\omega \tag{2.50}$$

式中，Γ_k 为 k 的有效扩散项；Γ_ω 为 ω 的有效扩散项；G_k 为湍流的动能；G_ω 为 ω 方程的发散项；Y_k 为 k 的发散项；Y_ω 为 ω 的发散项；S_k、S_ω 为自定义项；D_ω 为正交发散项：

$$D_\omega = 2(1-F)\rho \frac{1}{\omega\sigma_{\omega,2}} \frac{\partial k}{\partial x_j} \frac{\partial \omega}{\partial x_j} \qquad (2.51)$$

基于转捩模型对风力机叶片数值计算结果的影响，Menter 等人[9]提出 γ-$R\tilde{e}_\theta$ 转捩模型，对 SST k-ω 湍流模型进行了修正，引入了动量厚度雷诺数 $R\tilde{e}_{\theta t}$ 输运方程和间歇因子 γ 输运方程。

间歇因子 γ 的输运方程：

$$\rho \frac{\partial(\gamma)}{\partial t} + \rho \frac{\partial(U_j\gamma)}{\partial x_j} = P_{\gamma 1} - E_{\gamma 1} + P_{\gamma 2} - E_{\gamma 2} + \frac{\partial}{\partial x_j}\left[\left(\mu + \frac{\mu_t}{\sigma_\gamma}\right)\frac{\partial\gamma}{\partial x_j}\right] \qquad (2.52)$$

式中，$P_{\gamma 1}$ 和 $E_{\gamma 1}$ 为转捩源项；$P_{\gamma 2}$ 和 $E_{\gamma 2}$ 为 Destruction/relaminarization 源项；Ω 为涡量。

动量厚度雷诺数 $R\tilde{e}_{\theta t}$ 输运方程：

$$\rho \frac{\partial(R\tilde{e}_{\theta t})}{\partial t} + \rho \frac{\partial(U_j R\tilde{e}_{\theta t})}{\partial x_j} = P_{\theta t} + \frac{\partial}{\partial x_j}\left[\sigma_{\theta t}(\mu+\mu_t)\frac{\partial R\tilde{e}_{\theta t}}{\partial x_j}\right] \qquad (2.53)$$

式中，相关参数定义：

$$P_{\theta t} = c\theta t \frac{\rho}{t}(Re_{\theta t} - R\tilde{e}_{\theta t})(1.0 - F_{\theta t}) \qquad (2.54)$$

$$F_{\theta t} = \min\left\{\max\left[F_{\text{wake}}\text{e}^{-\left(\frac{y}{\delta}\right)^4}, 1.0 - \left(\frac{\gamma - 1/c_{e2}}{1.0 - 1/c_{e2}}\right)^2\right], 1.0\right\} \qquad (2.55)$$

$$F_{\text{wake}} = \text{e} - \left(\frac{Re_\omega}{1\times10^5}\right)^2 \qquad (2.56)$$

修正的分离诱导转捩：

$$\gamma_{\text{eff}} = \max(\gamma, \gamma_{\text{sep}}) \qquad (2.57)$$

根据 γ-$R\tilde{e}_\theta$ 转捩模型，获得的有效间歇因子 γ_{eff} 修正了 SST k-ω 湍流模型的 k 方程，并得到如下方程：

$$\rho \frac{\partial}{\partial t}(k) + \rho \frac{\partial}{\partial x_j}(ku_i) = \frac{\partial}{\partial x_j}\left(\Gamma_k \frac{\partial k}{\partial x_j}\right) + G_k^* - Y_k^* + S_k \qquad (2.58)$$

$$G_k^* = \gamma_{\text{eff}} G_k \qquad (2.59)$$

$$Y_k^* = \min[\max(\gamma_{\text{eff}}, 0.1), 1.0]G_k \qquad (2.60)$$

2.2.3　边界条件

叶片和翼型表面均定义为无滑移壁面；进口边界定为速度入口边界条件；出口边界定为压力出口边界条件。在数值计算过程中，采用压力基求解器，对速度和压力方程采用了 SIMPLEC 算法耦合求解；扩散项应用中心差分格式；对流项应用二阶迎风格式；残差收敛因子定为 1×10^{-4}。

2.3 数值结果验证

2.3.1 NREL Phase Ⅵ叶片及计算边界条件

为验证 CFD 方法以及湍流模型对风力机气动特性数值研究的可靠性，以 NREL Phase Ⅵ叶片为研究对象，采用 CFD 方法数值预测风力机叶片气动性能，并将数值结果与试验结果进行了对比。

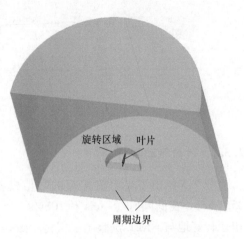

NREL Phase Ⅵ 风力机是以翼型 S809 为截面翼型的两叶片风力机，额定功率为 19.8kW，直径为 10.058m，桨距角为 3°。计算区域的入口和出口分别在叶片上游 22m 处和叶片下游 40m 处，外侧边界与叶片尖部的距离约为 27.97m，以旋转周期性边界条件，整个计算区域是实际流场区域的一半，如图 2.3 所示。来流空气的速度为 7 ~

图 2.3 NREL Phase Ⅵ风力机计算区域

25m/s，而叶片旋转速度和来流密度等参数如表 2.1 所示。入口为速度边界条件，出口为压力出口边界条件，定义为大气压力，叶片的旋转问题采用 MRF 模型处理。

表 2.1 风力机的运行工况

算例序号	转速/r·min^{-1}	来流风速/m·s^{-1}	密度/kg·m^{-3}	动力黏度/kg·m^{-1}·s^{-1}
算例 1	71.9	7.0	1.246	1.769×10^{-5}
算例 2	72.1	10.0	1.246	1.769×10^{-5}
算例 3	72.1	13.0	1.227	1.781×10^{-5}
算例 4	72.1	15.1	1.224	1.784×10^{-5}
算例 5	72.0	20.1	1.221	1.786×10^{-5}
算例 6	72.1	25.1	1.220	1.785×10^{-5}

整个计算的区域均采用结构化网格，对叶片表面边界层和周围流场进行了加密处理，以确保叶片气动性能预测结果的准确性。流场网格的计算节点总数约为 3.81×10^{6}，叶片表面的无量纲壁面距离 y^{+} 基本小于 5，边界层的网格增长率为 1.1，如图 2.4 所示。

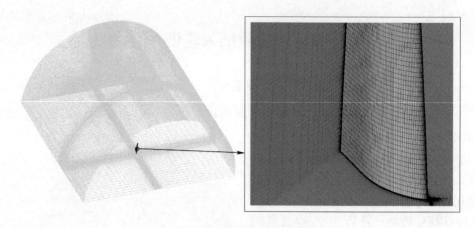

图 2.4   风力机叶片的计算网格

2.3.2   叶片气动载荷

图 2.5 给出了风力机扭矩的数值模拟结果和 NREL 试验结果，风速为 7 ~ 25.1m/s。在低风速（7m/s 和 10m/s）下，基于转捩模型的数值模拟预测的叶片扭矩较好地与 NREL 试验结果保持一致。在高风速下，叶片深度失速运行，当风速大于 13m/s 时，预测的叶轮扭矩均小于 NREL 试验结果；当风速等于 25.1m/s 时，数值模拟结果与试验结果偏差最大，比例为 5.22%。

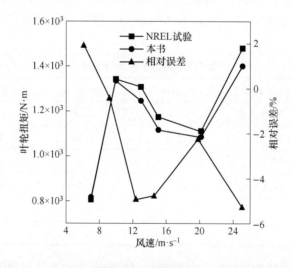

图 2.5   叶轮的扭矩

图 2.6 和图 2.7 分别给出了不同风速下叶片沿展向的法向力系数和切向力系数的数值结果与 NREL 试验结果（r/R 为叶片展向）。在风速为 7m/s 和 10m/s 的

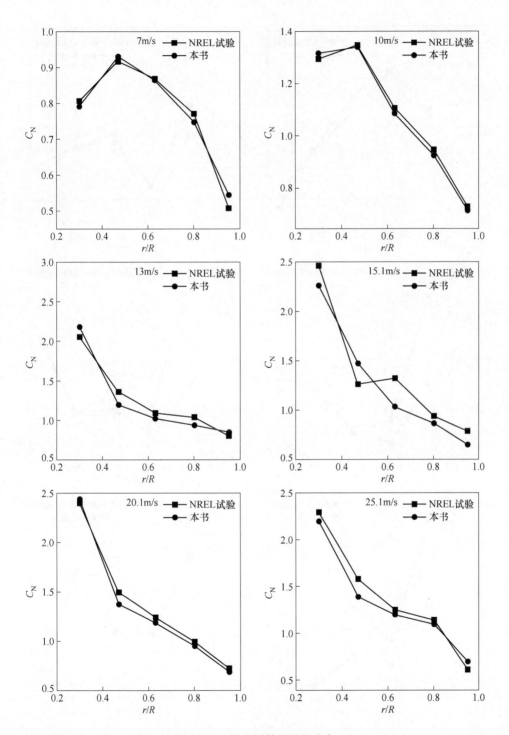

图 2.6 法向力系数的展向分布

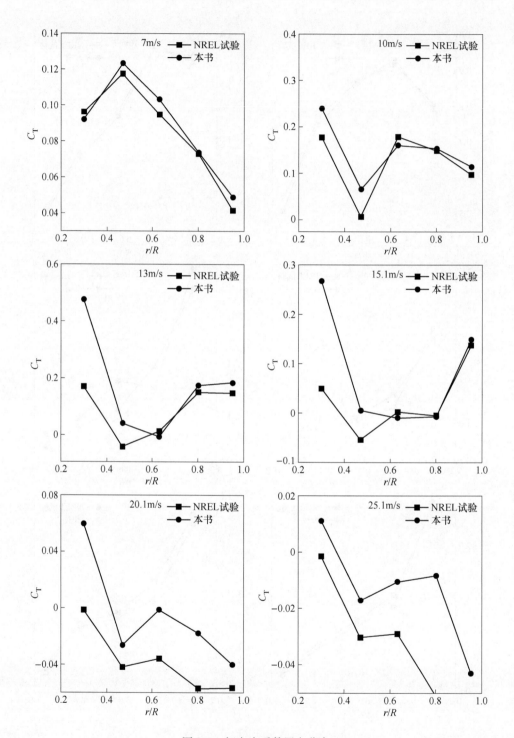

图 2.7　切向力系数展向分布

条件下，数值模拟方法获得的法向力系数与 NREL 试验结果基本吻合；而在高风速下，数值模拟结果与 NREL 试验结果对比，存在较大的差值；在 15.1m/s 的风速条件下，数值模拟得到的法向力系数与 NREL 试验的法向力系数相差较大。从图 2.7 中可以看到，叶片展向的切向力系数数值较小，数值模拟的切向力系数与 NREL 试验得到的切向力系数偏差较大。在低风速下，数值模拟得到的切向力系数与 NREL 试验结果保持相同趋势；而在高风速下，数值模拟获得的切向力系数与 NREL 试验的结果存在非常严重的偏差。因此，在低风速下，本章介绍的 CFD 方法数值模拟获得的结果基本与 NREL 试验结果吻合；而在高风速下，CFD 方法数值预测叶片气动性能的准确性仍有待进一步验证。

根据式（2.20），叶片截面翼型的扭矩系数与切向力系数、法向力系数和当地扭角有关。从图 2.6 和图 2.7 可以看出，法向力系数的数值远大于切向力系数的数值。当截面翼型的当地扭角不变情况下，扭矩系数的大小主要由法向力系数决定。因此，在低风速下，基于 CFD 方法预测的风力机扭矩与 NREL 试验结果基本吻合；在来流风速为 20.1m/s，CFD 方法数值得到的切向力系数与 NREL 试验结果偏差较大，但是数值得到的法向力系数与 NREL 试验结果基本吻合。因此，数值模拟预测的风力机扭矩与 NREL 试验结果偏差较小。

2.3.3 叶片截面翼型压力系数分布

为了进一步验证数值模拟方法结果的准确性和精确性，对比了 7m/s、10m/s 和 15.1m/s 三个风速的压力系数（C_p）分布，叶片展向取 30%、47%、63%、80% 和 90% 截面翼型，即 r/R 分别为 0.3、0.47、0.63、0.8 和 0.95，对比结果如图 2.8 ~ 图 2.10 所示。图中，c 表示截面翼型的弦长，x 表示计算点在翼型弦向的位置。

压力系数公式：

$$C_p = \frac{p_1 - p_a}{0.5\rho_\infty \left[v_1^2 + (\Omega_0 r)^2 \right]} \tag{2.61}$$

图 2.8 显示了风速 7m/s 下叶片截面翼型的压力系数分布，数值模拟结果基本与试验结果吻合；而在 30%、47% 和 63% 的吸力面前缘，数值结果与试验结果存在一定的偏差。因为在吸力面前缘的边界层流体为减压增速状态，流体的压力梯度变化较大。图 2.9 给出了风速 10m/s 下叶片截面翼型的压力系数分布，数值模拟预测的压力系数与试验结果存在一定程度的偏差，从叶根（$r/R = 0.3$）到叶片中部（$r/R = 0.63$），三个截面翼型的压力系数偏差较大，特性是在吸力面前缘；在 $r/R = 0.8$ 和 0.95 处，叶片截面翼型边界层未产生较大的流动分离现象，数值模拟结果基本与试验结果吻合。图 2.10 给出了风速 15.1m/s 下叶片截面翼型的压力系数分布。在风速 15.1m/s 下，截面翼型的吸力面出现了严重的流动分

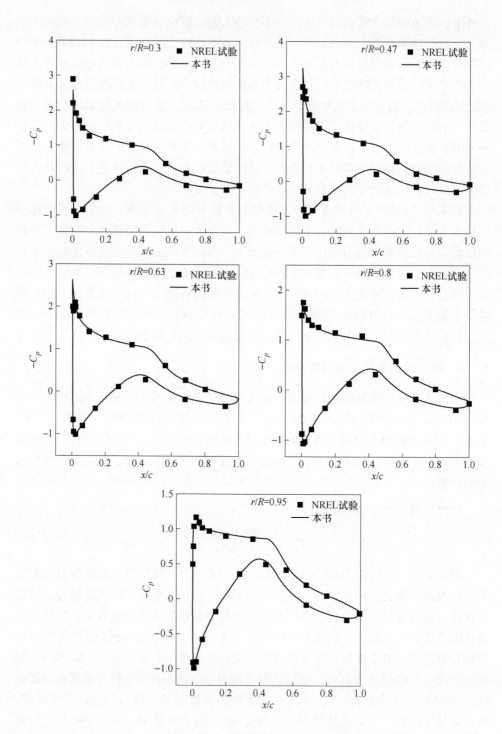

图 2.8 压力系数分布，风速为 7m/s

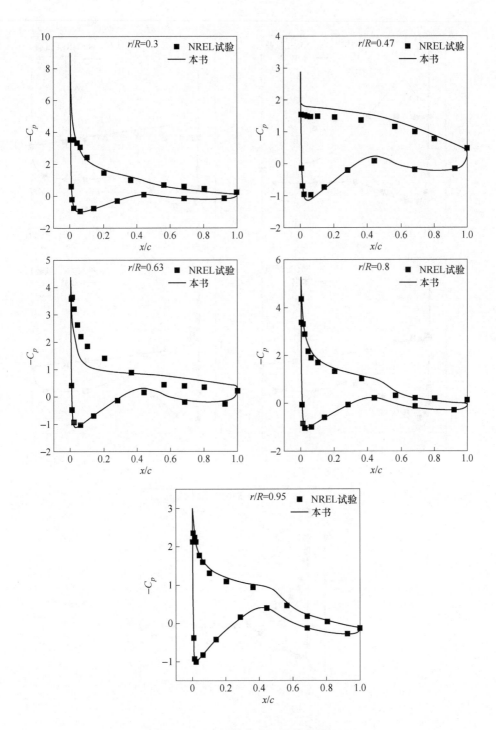

图 2.9　压力系数分布，风速为 10m/s

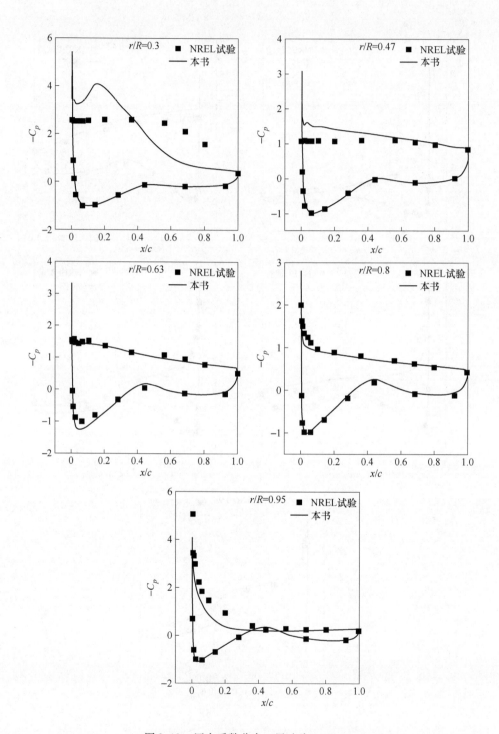

图 2.10 压力系数分布, 风速为 15.1m/s

离现象，并且在离心力作用下，导致流体产生向径向流动的趋势，增加了截面翼型的周围流动的复杂性；在叶片根部（$r/R = 0.3$）处，数值预测结果与试验结果存在严重的偏差；而在截面翼型尾缘，数值模拟预测压力系数分布出现一段平缓区，即压力梯度较小；而试验得到压力梯度仍然变化较大，未出现压力平缓区。对比了数值模拟与试验预测的 Phase Ⅵ 叶片载荷和压力系数分布。在低风速下，基于本章介绍的数值模拟方法预测的叶片气动性能与试验结果吻合；而在高风速下，数值模拟结果与试验结果存在较大的偏差。数值预测的叶片气动性能的准确性和精确性仍有待进一步论证。

2.4　本 章 小 结

详细地阐述了风力机气动性能预测与设计的动量－叶素理论方法和 CFD 理论方法。动量－叶素理论方法可以快速地、有效地设计叶片截面翼型的当地扭角和弦长。在本书 5.5.3 小节中，采用动量－叶素理论方法计算了叶片截断扭矩。对于 CFD 方法，介绍了风力机扰流流场假设条件及连续方程和动量方程，并且详细地介绍了 SST $k\text{-}\omega$ 湍流模型以及 $\gamma\text{-}\widetilde{Re}_\theta$ 转捩模型。本章以 Phase Ⅵ 叶片为研究对象，采用 O-型网格对整个计算区域进行结构化网格划分。将数值模拟获得的叶轮扭矩、展向位置的法向力系数和切向力系数以及压力系数与 NREL 试验结果进行了详细的对比分析。研究结果表明，在低风速下，本章介绍的 CFD 方法和湍流模型可以较好地预测风力机叶片的气动性能，数值模拟的结果与试验结果基本吻合。在本书的第 3 章、第 4 章和第 5 章中，主要研究了低风速下风力机的气动特性。因此，采用了本章介绍的 CFD 数值计算方法和网格划分方法来研究叶片气动特性，可以得到相对精确的结果。

参 考 文 献

[1] Menter F R. Two-equation eddy-viscosity turbulence models for engineering applications [J]. AIAA Journal, 1994, 32 (8)：1598-1605.

[2] Tachos N S, Filios A E, Margaris D P. A comparative numerical study of four turbulence models for the prediction of horizontal axis wind turbine flow [J]. Proceedings of the Institution of Mechanical Engineers, Part C：Journal of Mechanical Engineering Science, 2010, 224 (9)：1973-1979.

[3] Sørensen N N, Michelsen J A, Schreck S. Navier-Stokes predictions of the NREL Phase Ⅵ rotor in the NASA Ames 80ft × 120ft wind tunnel [J]. Wind Energy, 2002, 5 (2/3)：151-169.

[4] 关鹏, 丁珏, 翁培奋. 不同湍流模型对水平轴风力机三维粘性气流特性的影响 [J]. 太阳能学报, 2010, 31 (1)：86-90.

[5] 杨瑞, 李仁年, 张士昂, 等. 水平轴风力机 CFD 计算湍流模型研究 [J]. 甘肃科学学

报，2008，20（4）：90-93.

［6］刘磊，徐建中. 湍流模型对风力机叶片气动性能预估的影响［J］. 工程热物理学报，2009，7：1136-1139.

［7］徐浩然，杨华，刘超，等. 不同湍流模型对 MEXICO 风力机气动性能预测精度的研究［J］. 中国电机工程学报，2013，33（35）：95-101.

［8］钟伟，王同光. SST 湍流模型参数校正对风力机 CFD 模拟的改进［J］. 太阳能学报，2014，9：1743-1748.

［9］Menter F R，Langtry R B，Likki S R，et al. A correlation-based transition model using local variables—Part Ⅰ：model formulation［J］. Journal of Turbomachinery，2006，128（3）：413-422.

3　风力机非定常气动特性的研究

　　在非常复杂的大气边界层内，风力机受到风切变、阵风和大气湍流等非定常来流的影响，同时风力机自身的塔架、偏航和变桨等因素导致叶片气动载荷的波动。在风力机近尾迹区域，流体的流动状态是复杂的、非稳态的。叶片附着涡、拖出的尾迹涡以及中心涡的相互作用，形成一个强湍流波动的剪切层。在风力机运行的过程中，风切变来流导致风力机叶片之间受到的气动载荷不对称。叶片在轮毂上端受到高风速的作用和在轮毂下端受到低风速的作用，加剧了叶片载荷的波动，导致风力机叶片以及整个风力机疲劳载荷增加和风力机输出功率波动幅度增大。目前，风力机叶片的尺寸不断地增大，风切变等复杂来流对风力机气动特性的影响更加显著。

　　在风力机叶片的下风处，风能的动能因叶片而导致损失，从而出现平均速度降低的区域，即尾迹。在叶片下游的尾迹区域，自由来流空气与叶片下游的涡旋相互作用[1]。尾流可以分为两个不同的部分：近尾流和远尾流。近尾迹是指从叶片尾迹涡流到一个叶片直径范围内。之后的下游区域为远尾迹区域，在远尾迹区域，尾迹的空气动力特性不再依赖于特定的叶片特性，主要依赖空气流动的破裂和小尺度湍流控制[2]。

　　目前，风力机近尾迹的研究主要集中在风力机叶片的性能和涡度的物理特性。Crespo[3]采用试验方法和数值模拟方法分析了风力机尾流湍流特性的演变过程。在叶片偏航和方位角多变工况下，Grant等人[4]利用激光可视化技术测量了风力机叶片的流动尾迹，并将试验结果与给定尾迹模型的预测结果进行了比较。Sherry等人[5]利用试验方法研究了水平轴风力机近尾迹的涡旋特性。同时描述了螺旋涡旋尾迹，如螺旋强度和涡环流。

　　在风力机的运行过程中，风机叶片的气动特性受到附近流态的影响，同时也受到上游叶片尾迹的影响。大气稳定度对尾流区平均速度亏损和湍流强度的空间分布有重要影响。特别是，速度亏损的大小随着大气稳定性的增加而增加[6]。Sezer-Uzol和Uzol[7]研究了定常来流和瞬态自由流风切变对风力机叶片尾迹结构的影响，并采用了一种新的三维非定常涡面元方法。Whale等人[8]利用粒子图像测速方法对尾流进行了详细的研究，讨论了尺度效应、地形影响、模型相似性、尾流弯曲现象以及有效的横向尾流平滑。

　　上游风力机的尾迹影响下游风力机的气动特性。风力机叶片尾迹存在速度亏损，降低了下游风力机叶片的可用功率。由于尾迹相互干扰效应，下游风力机的疲劳载荷增加了 80%，这将大大缩短风力机叶片的寿命[9]。Adaramola 和 Krogstad[10] 利用大型风洞试验研究了尾流干扰对下游风力机气动性能的影响。与无尾迹影响的风力机相比，下游风力机的功率损失约为 20% ~ 46%。Barthelmie 等人[11] 在一个小型海上风电场进行了六个试验，其中使用船载测速雷达测量了自由来流和尾流风速廓线，并预测和观察了轮毂高度处的速度亏损。本章中，分别研究了均匀来流、风切变和阵风来流工况下风力机的气动特性，定量分析了风力机的近尾迹流动特性，并揭示了叶片的气动性能与近尾迹之间的内在关联性。

3.1　数　值　方　法

3.1.1　计算模型

　　本章所采用的计算几何模型是美国可再生能源实验室 WindPACT 工程设计的 1.5MW 水平轴风力机叶片。WindPACT 工程的目的是提高风力机可靠性和降低风力机整体的能源成本。该工程涉及多个尺寸的风力机优化，考虑风力机叶片的几何外形设计和内部结构、叶片铺层材料、塔架外形设计和风力机运行维护等方面。风力机为三叶片上风式，变桨变速控制叶片失速。风力机叶片的外形包括 S818、S825 和 S826 翼型，翼型尾缘为钝尾翼。截面翼型最大弦长位置在展向 $r/R = 0.25$ 处，采用 S818 翼型。叶片根部为圆柱，叶轮锥角为零，展向 $r/R = 0.07 \sim 0.25$，为圆柱向 S818 翼型过渡；展向 $r/R = 0.25 \sim 0.50$，为 S818 翼型；展向 $r/R = 0.50 \sim 0.95$，为 S825 翼型；展向 $r/R = 0.95 \sim 1.00$，为 S826 翼型。

　　采用非定常的雷诺三维不可压 N-S 方程，湍流模型应用 SST k-ω 湍流模型。风力机的计算区域包括内部区域和外部区域。内部区域是小的圆柱体，包含风力机叶片和轮毂。采用滑移网格的方法处理内部区域叶片的旋转问题，风力机转速为 18r/min。为了避免叶片在不同方位角受到的来流不一致，本章 3.2 小节主要是研究均匀来流下风力机叶片的气动性能与近尾迹之间的内在关联性。因此，风力机流场的外部区域为一个大的圆柱体，将内部区域包含在内，圆柱半径为 $6R$，其中 $R = 35$m，为叶片半径，如图 3.1 所示。本章 3.3 和 3.4 小节研究了风切变和阵风来流工况下的风力机的气动特性，并需要考虑风力机轮毂到地面的高度，风力机叶片流场的计算区域体积为 $11R \times 10R \times 7.5R$。叶轮上游尺度为 $3R$，叶轮下游尺度为 $8R$，叶轮径向尺度为 $5R$，轮毂高度约为 $2.5R$，如图 3.2 所示。采用滑移网格的方法处理内部区域叶片的旋转问题。为准确的研究风切变和阵风因素对风力机近尾迹流动特性的影响，避免塔架对近尾迹流动的影响与复杂来流的影响相互叠加，故本章未考虑塔架。

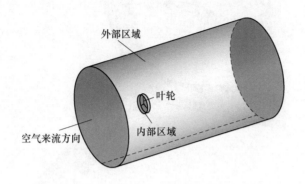

图 3.1　均匀来流的计算区域

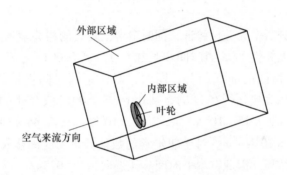

图 3.2　风切变和阵风的计算区域

为了确保风力机叶片流场的计算精度，计算区域均采用结构化网格，总网格数约为 1186 万个单元。对于风力机叶片三维流场的数值模拟，主要研究对象为风力机叶片，故对叶片表面以及叶片附近区域进行了网格加密处理，可以确保得到准确的计算结果。风力机叶片表面的网格节点数为 235 × 120 个，叶片展向方向上有 235 个节点，叶片翼型弦向方向上有 120 个节点，如图 3.3 所示。

3.1.2 边界条件

计算域的进口边界给定为速度入口条件，出口边界给定为压力出口条件，并给出平均静压，叶片的表面采用无滑移边界条件。速度方程和压力方程的耦合求解应用 SIMPLEC 算法，对流项应用二阶迎风格式，扩散项应用中心差分格式。

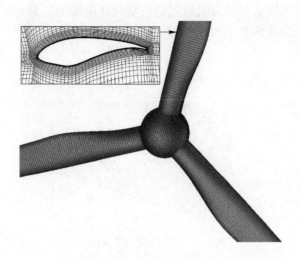

图 3.3　叶片的网格分布

对时间步长进行了无关性验证，同时参考已发表的相关学术文献，确保计算结果的时间步长无关性[12]。当时间步长在 0.01s 到 0.001s 之间，数值计算的叶轮扭矩基本保持相同的曲线趋势，同时，对比不同时间步长的压力系数，如图 3.4 所示。当风力机运行在 1s 时，从 0.1s 到 0.001s 依次对应的叶轮扭矩分别为 $5.85 \times 10^5 \mathrm{N \cdot m}$、$7.15 \times 10^5 \mathrm{N \cdot m}$、$7.43 \times 10^5 \mathrm{N \cdot m}$、$7.44 \times 10^5 \mathrm{N \cdot m}$、$7.47 \times 10^5 \mathrm{N \cdot m}$ 和 $7.48 \times 10^5 \mathrm{N \cdot m}$。对于非定常的数值计算，时间步长达到足够小值，获得较好的收敛结果。因此，本书时间步长选取为 0.0025s。

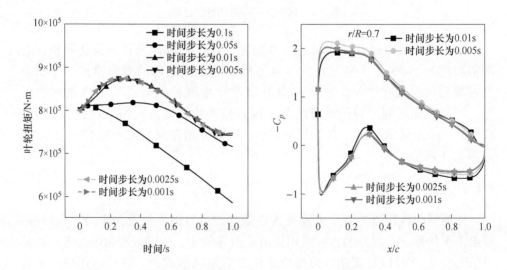

图 3.4　不同时间步长下的叶轮扭矩和压力系数

在本书第 1 章中，阐述了网格划分方法以及边界层厚度对风力机流场计算精度的影响。目前，翼型的网格划分一般采用 O-型、C-H 型和 C-型等网格型式，使翼型周围的网格与流体的流动方向具有比较好的正交性，而本章研究的风力机叶片的截面翼型均采用钝尾缘翼型。因此，本章采用 O-型网格型式划分叶片的周围流场。

网格密度和网格的划分方法均影响数值模拟结果的精度，网格无关性验证问题必须要进行研究。对风力机流场的计算区域和叶片周围区域进行网格加密，直到数值模拟结果的误差较小为止。本章分别数值计算了网格数约为 6.27×10^6、8.64×10^6、11.86×10^6、13.50×10^6 和 16.86×10^6 时的风力机扰流流场，并以叶轮扭矩和压力系数进行了定量分析。从图 3.5 可以看出，计算区域总网格数约为 1186 万个单元时，数值模拟方法可以获得较准确的风力机流场，即计算的网格密度满足网格无关性。

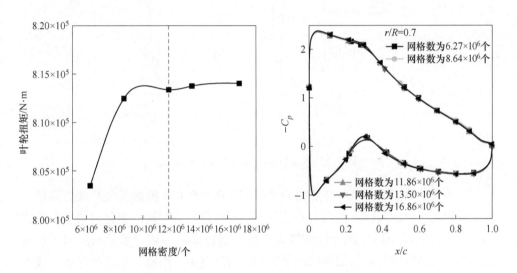

图 3.5 不同网格密度下的叶轮扭矩和压力系数

3.2 均匀来流下风力机气动特性的研究结果

本书研究了风力机的非定常流场，在均匀来流情况下，叶轮的扭矩呈现周期性变化，如图 3.6 所示（t 为时间，T 为风力机旋转周期）。本节旨在揭示叶片的气动性能与近尾迹特性之间的内在关联性，均匀来流风速为 11m/s。在风力机叶轮的一个旋转周期内，叶轮的扭矩为周期性循环，与叶片数对应（采用的风力机为三叶片式风力机）。从图 3.6 可以看出，风力机的扭矩是在一定范围内波动，即使来流为均匀情况。Mukai 等人[13]、Almutairi 等人[14]采用数值模拟方法研究了翼型低频振荡现象，研究结果表明，翼型的升力系数随时间周期变化。Amaris 等人[15]指出风力机的输出扭矩不是一个恒定值。风力机的三维扰流流场呈现出较强的非定常特性，导致风力机的扭矩周期性振荡。叶轮扭矩的最小值为 746937.62N·m，最大值为 754575.49N·m，叶轮扭矩的最大值与最小值之间相差比例为 1.02%。

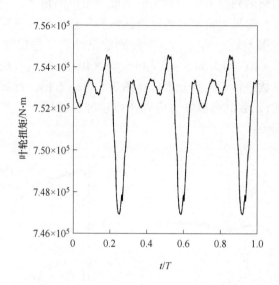

图 3.6　风力机旋转周期内叶轮的扭矩

　　图 3.7 给出了风力机叶片展向 $r/R = 0.3$、0.6 和 0.9 截面翼型的推力系数和扭矩系数。三个展现位置的推力系数和扭矩系数均保持相同的变化趋势。根据式 (2.20) 和式 (2.21)，风力机的推力系数和扭矩系数由切向系数和法向系数得到，而切向系数和法向系数与截面翼型的压力降有关。因此，在来流风速、展向位置和弦长等因素不变的情况下，推力系数和扭矩系数与截面翼型的压力降直接相关，并且两者有相同的变化趋势。

　　在风力机叶轮的一个旋转周期内，在展向 $r/R = 0.9$ 处，推力系数和扭矩系数呈现周期性变化，与叶轮的扭矩结果（图 3.6）一致。在叶片尖部，截面翼型周围流场未产生流动分离现象，流体的流动状态相对稳定，叶片尖部的涡系有规律地脱落，从而影响推力系数和扭矩系数。在展向 $r/R = 0.3$ 和 0.6 处，推力系数和扭矩系数的变化周期与风力机旋转周期相同；在 $r/R = 0.6$ 处，推力系数和扭矩系数的波动性比较剧烈。在展向 $r/R = 0.3$ 处，推力系数最大值为 1.63，而最小值为 1.66，相差比例为 1.84%。扭矩系数最大值约为 0.60，而最小值约为 0.59，相差比例为 1.69%。

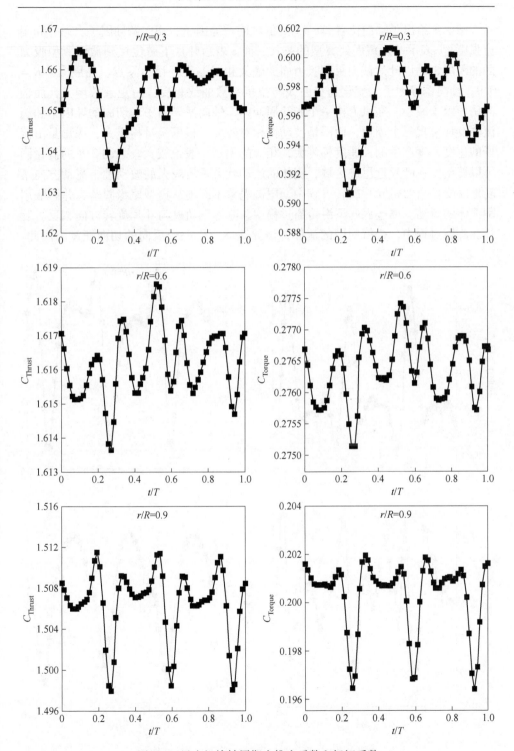

图3.7　风力机旋转周期内推力系数和扭矩系数

　　图3.8给出了轴向位置$z/c=1$处的轴向诱导因子、切向诱导因子、涡量和湍流强度，c表示叶片截面处翼型的弦长，而z表示叶片下游位置到截面翼型吸力面的距离，均以叶片截面翼型吸力面的最大相对厚度处设为零点。在展向$r/R=0.9$，轴向诱导因子的变化趋势曲线与扭矩系数曲线相反：扭矩系数增大，而轴向诱导因子减小。在风力机一个旋转周期内，轴向诱导因子、切向诱导因子和湍流强度均呈现三个周期，而涡量波动性相对较大。根据涡量的定义，涡量是由流场的速度梯度产生的，速度梯度大，相应的涡量一般也较大。从图3.8的涡量图可以得出，在叶片近尾迹区域，流体的流动状态具有较大的波动性，流动方向不断地改变。风力机叶片旋转过程中，尾迹涡系不断地从翼型尾缘脱落，并影响周围流体的流动。尾迹涡向下游传播过程中，其运动轨迹与叶片旋转方向相反。叶片在旋转过程中，排挤周围的流体，诱导流体产生一个反向的切向速度。因此，

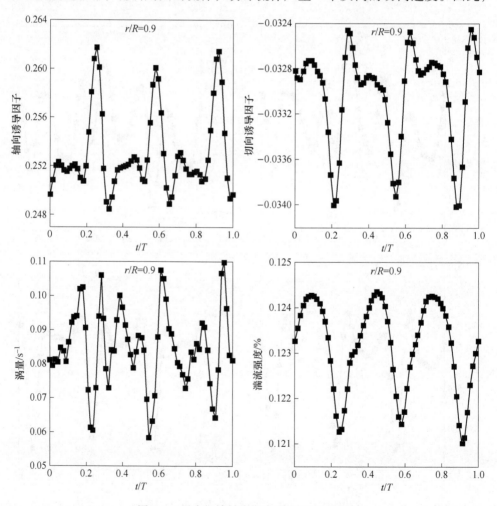

图3.8　风力机旋转周期内近尾迹流动特性

在截面翼型的近尾迹区域，流体的流动状态变化比较复杂，波动性较大，对于风力机近尾迹流动特性的研究，有必要考虑扰流流场的非定常特性。

3.3 风切变来流对风力机气动特性的影响

在大气边界层内，空气流动受地面摩擦阻力的影响，空气的流动速度呈指数曲线轮廓。当达到一定高度后，风速基本保持不变，即风切变现象。考虑了风切变对风力机近尾迹的影响，其公式为：

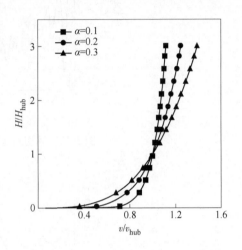

$$v_{ws} = v_{hub} \left(\frac{H}{H_{hub}} \right)^{\alpha} \qquad (3.1)$$

式中，H 为距离地面的高度；H_{hub} 为风力机轮毂的高度；v_{hub} 为轮毂处的风速，$v_{hub} = 11\,\mathrm{m/s}$；$v_{ws}$ 为风切变风速；α 为风切变指数。

在本书中，研究了风切变指数分别为 0.1、0.2 和 0.3 时对风力机近尾迹流动特性的影响。风速的轮廓曲线如图 3.9 所示（v 为流体速度）。

图 3.9 风速的轮廓曲线

3.3.1 风切变对风力机叶片气动性能的影响

数值计算了风力机叶片的三维扰流流场，考虑了风切变对风力机叶片气动性能的影响，当风切变指数为 0.2 时，本节对风力机叶片的扭矩、截面翼型的压力系数、推力系数和扭矩系数进行了详细的分析和讨论。在风切变作用下，风力机的输出扭矩周期性波动，如图 3.10 所示。在风力机叶轮旋转一个周期时间内，风力机输出的扭矩出现了三个周期性循环波动。这是因为在风切变作用下，来流风速在地面到轮毂之间较小，在轮毂的上方来流风速较大，同时，所研究的风力机为三叶片式风力机。

图 3.11 显示了在一个旋转周期时间内，风力机单叶片输出扭矩随方位角的变化趋势。单叶片的输出扭矩基本呈正弦曲线变化。在方位角为 90° 时，叶片的输出扭矩最大；在方位角为 270° 时，叶片的输出扭矩最小。在图 3.11 中，本节选取三个方位角，分别为 108°（接近最小风速）、194.4° 和 270°（风速最大），A 点对应的时间是 13.5s，B 点对应的时间是 14.3s，C 点对应的时间是 15s，如表 3.1 所示，对三个时间下的叶片气动性能进一步分析。

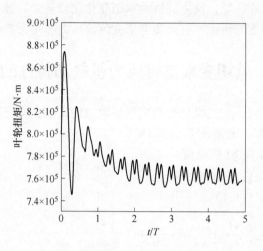

图 3.10　风切变作用下的叶轮扭矩

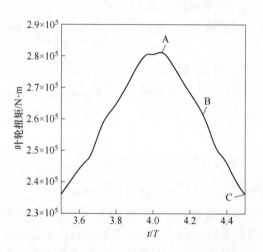

图 3.11　风力机旋转周期内叶片的扭矩

表 3.1　不同时间下叶片扭矩

时间/s	扭矩/N·m	时间/s	扭矩/N·m
13.5	282755.96	15	235992.61
14.3	260231.34		

　　图 3.12 和图 3.13 给出了三个时间下叶片展向方向的推力系数和扭矩系数。叶片的推力系数和扭矩系数均呈现先上升后下降的趋势，推力系数的最大值在

$r/R = 0.5$,而扭矩系数的最大值在 $r/R = 0.2$。

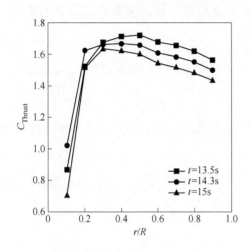

图 3.12 不同时间下推力系数

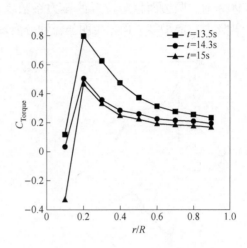

图 3.13 不同时间下扭矩系数

从图 3.12 可以看出,在 $r/R < 0.3$,$t = 14.3\text{s}$ 时,叶片的推力系数最大。在 $r/R > 0.3$,$t = 13.5\text{s}$ 时,叶片的推力系数最大。在 $t = 13.5\text{s}$ 时,风力机叶片运行轮毂上方,来流风速较大,导致叶片的推力系数较大。在 $0.3 < r/R < 0.5$ 时,叶片的推力系数为最大值。这段叶片翼型的弦长最大,导致叶片在 $0.3 < r/R < 0.5$ 时承受较大的推向力。然而,发生叶片折断的事故主要出现在此段。因此,需要加强风力机叶片在 $0.3 < r/R < 0.5$ 时的轴向承载能力较佳。

在 $t = 15\text{s}$ 时,叶片根部的扭矩系数为负值。此时在叶片根部区域损失了部分风力机叶片捕获的来流动能,如图 3.13 所示。叶片的根部主要是用来承受来流的载荷作用,以确保风力机安全有效地运行。在确保叶片根部承载能力的情况下,尽量减小根部的发电损失,将有利于提高风力机发电能力。在 $t = 14.3\text{s}$ 时,风力机叶片在平均来流风速或略小于平均来流风速下(轮毂处的风速为平均来流风速)运行。在 $t = 13.5\text{s}$ 时,叶片不同截面翼型的扭矩系数均大于其他两个时间下的扭矩系数。在 $r/R = 0.2$ 时,扭矩系数为最大。在 13.5s 到 14.3s 的过程中,截面翼型的来流风速相应地减小,同时不同截面翼型的扭矩系数也相应地减小。这说明风力机运行在平均来流风速下,不同截面的翼型并没有在最佳的攻角下运行。

截取叶片展向 $r/R = 30\%$、60%、90% 时三个截面的压力分布,并对三个时间的压力分布进行了对比分析,如图 3.14 所示。图 3.14 中,c 表示截面翼型的弦长,x 表示计算点在翼型弦向的位置。在截面翼型 $0 < x/c < 0.05$ 的范围内,翼型压力面存在较大的逆向压力梯度,流体在此处发生减速增压现象,而在翼型吸力面流体发生增速减压现象,导致翼型表面前缘存在较大的压力差。在 $r/R =$

0.3，轴向位置 $z/c = 0.3$ 时，吸力面的压力系数梯度变化较大，而在 $r/R = 60\%$ 、 90% 时，吸力面相应位置的压力系数梯度变化趋势平缓，主要原因是在 $r/R = $ 30% 时，翼型吸力面发生明显流动分离现象。

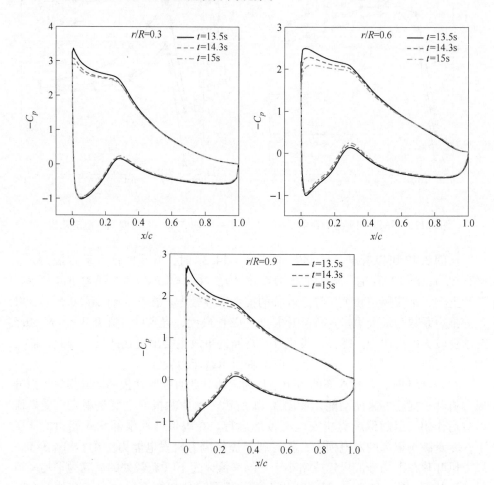

图 3.14　不同时间的压力系数分布

从图 3.14 中可以看出，三个时间的压力系数分布的趋势基本一致，在压力面的中部和吸力面的前缘存在一定的偏差。在叶片截面 $r/R = 30\%$ 处，$t = 13.5$ s 时，翼型吸力面的压力系数向上移动，同时在压力面的压力系数曲线向下移动，翼型尾缘除外，截面翼型的压力系数对 x 轴的积分面积最大。在 $r/R = 0.6$ 和 0.9 处，存在相同的结果。

图 3.15 和图 3.16 给出了风切变指数为 0.1、0.2 和 0.3 下叶片的推力系数和扭矩系数沿展向变化趋势。叶片旋转到轮毂的正上方，即零点钟方向。当风切变指数为 0.3 时，叶片受到的风速较大。在展向 $0.3 \leqslant r/R \leqslant 0.95$，随风切变指数增

大，推力系数和扭矩系数均增大。在叶片根部，风切变作用减弱，此时，叶片的气动性能受到叶根中心涡影响。Lynch 和 Smith[16]研究表明，叶片的附着涡主要集中在叶片尾缘和叶根处，叶根中心涡与附着涡之间相互作用。本文 3.2 小节的研究结果表明，附着涡的生成、发展和脱离等过程，叶片的气动性能也随之变化。

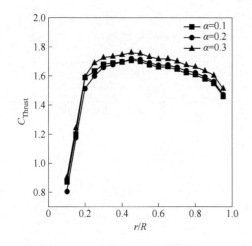 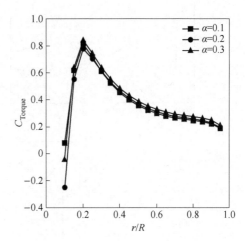

图 3.15　风切变指数对推力系数的影响　　图 3.16　风切变指数对扭矩系数的影响

　　图 3.17 对比了 $r/R = 0.3$、0.6 和 0.9 处的压力系数分布，叶片旋转到轮毂的正上方。在三个风切变指数作用下，截面翼型的压力系数的最大偏差出现在吸力面前缘，原因是翼型吸力面前缘的流体为增速减压状态。当来流风速增大时，翼型的入流角也相应地增大，截面翼型的气动性能得到提升（未失速情况下）。因此，当风力机叶片旋转到轮毂正上方时，叶片的气动性能随风切变指数增大而相应地提升。当风切变指数等于 0.3 时，截面翼型压力差最大；在叶片尖部，这种现象更加明显。

3.3.2　近尾迹特性随轴向位置和展向位置的变化

　　本节研究了风切变对风力机近尾迹流动特性的影响，并对近尾迹的轴向诱导因子 a、切向诱导因子 b[17]和径向速度进行了详细的分析和讨论。方位角表征风力机旋转平面的不同位置，在计算过程中，考虑了风切变指数为 0.2。

　　图 3.18 显示了风力机近尾迹轴向诱导因子沿轴向位置分布。方位角在 80°～100°范围内，流体的轴向诱导因子迅速地变化，形成较大的轴向速度梯度，是因为在叶片旋转过程中，在叶片前缘冲击和挤压作用下，附近的流体获得了一个轴向力和一个切向力，从而增加了流体的轴向速度。根据轴向诱导因子定义，轴向诱导因子此时为负值。当流体流经叶片时，风力机从流体中捕获了动能，从而在

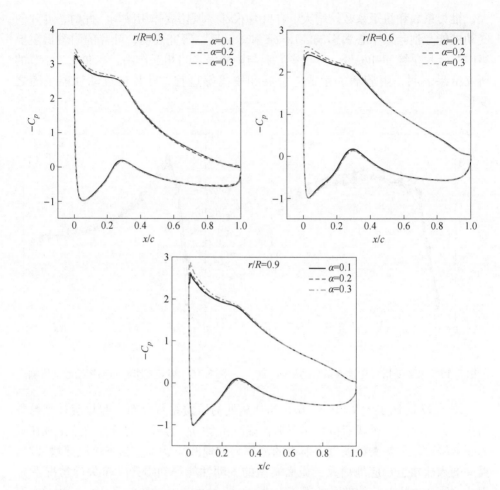

图3.17　风切变指数对压力系数分布的影响

叶片尾缘轴向诱导因子上升。因此，在90°方位角两侧，轴向诱导因子的分布曲线是非对称的。胡丹梅等人[18]从截面翼型本身的几何外形和叶片两侧附面层厚度的角度进行了解释。

在$r/R=0.5$处，轴向位置$z/c=1\sim3$，轴向诱导因子的最大值分别在方位角85°~90°之间，轴向诱导因子最大值向翼型尾缘后方移动，即方位角减小的方向移动；而轴向诱导因子最小值则相反，向翼型前缘前方移动，即方位角增大的方向移动。因此，流体向下游流动过程中，叶片的旋转作用逐渐向周围扩散。$z/c=1$处的轴向诱导因子最大值约为0.54，最小值约为0.12；在$z/c=3.0$处，轴向诱导因子最大值为约为0.45，最小值约为0.34。由图中3.18可以看出来，在不同z/c位置处，轴向诱导因子最大值与最小值之间的差值随着向气体向下游的流动，逐渐缩小。在方位角为30°处，不同位置的轴向诱导因子分别约为

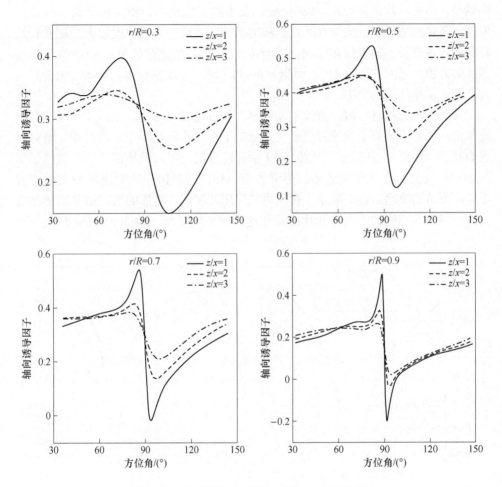

图 3.18　轴向诱导因子沿轴向和展向位置的分布

0.39、0.40 和 0.41，并且均小于 1，即气体受到叶片运动的影响，存在一定的轴向速度亏损。当方位角为 30°时，该处位于两个叶片中间的位置，轴向诱导因子之间的变化范围很小，因此，在此处流体受到叶片运动的影响减弱。在方位角等于 150°处，存在相同的现象。

　　除谷值附近以外，流体的轴向诱导因子在近尾迹区域基本大于零。因此，在风力机近尾迹区域存在明显的轴向速度亏损，而轴向速度的亏损随着流体向下游流动过程中，逐渐减弱。Mo 等人[19]研究发现在叶片下游的 20 倍叶片直径处，流体的轴向速度亏损仍存在。AbdelSalam 和 Ramalingam[20]研究了风力机叶片近尾迹和远尾迹的特性，结果表明，在风力机叶轮下游的 25 倍直径处，风力机叶片的扰动影响仍然存在，流体的速度恢复到来流速度的 93% 。

　　从叶片根部到叶片尖部，轴向诱导因子最大值与最小值之间的方位角差值越来越小；而在叶片尖部 $r/R=0.9$ 位置，较小的方位角内，轴向诱导因子从最大值迅速下降到最小值。因为在叶片尖部的当地弦长较小和线速度较大，在叶轮旋转平面内占有较小的方位角区间。当 $r/R=0.9$ 时，当地弦长为 0.8m，截面翼型占有的方位角区间约为 1.46°；而当 $r/R=0.3$ 时，当地弦长为 2.68m，截面翼型占有的方位角区间约为 14.55°。

在风力机近尾迹区域，流体的切向诱导因子主要为负值；距离叶片最近处，流体切向诱导因子谷值的绝对值最大。随着下游位置到叶片距离的增加，绝对值逐渐减小，如图 3.19 所示。从图 3.19 中可以得到，切向诱导因子绝对值的最大值在 $z/c=1$ 处。由于空气运动的阻尼作用，切向诱导因子绝对值的最大值随着流体向下游的流动而逐渐减小。在风力机近尾迹区域，流体的切向诱导因子呈现负值，即切向速度的方向与叶片旋转线速度的方向相反。因为叶片的旋转过程，

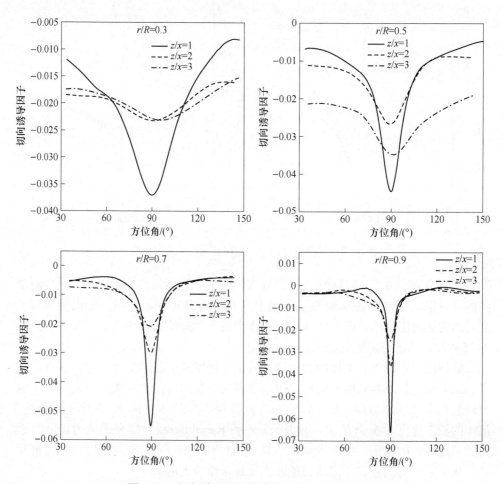

图 3.19　切向诱导因子沿轴向和展向位置的分布

对叶片附近的流体形成反向的作用，导致在叶片近尾迹区域形成相反的切向速度。基于叶素动量理论，旋转叶片对流经流体产生一个轴向诱导速度和一个切向诱导速度。轴向诱导速度增加了来流空气的轴向诱导因子，形成一个速度的亏损，而切向诱导速度增加了来流空气的切向速度。在叶片尖部，流体获得了更大的切向诱导因子。

从图 3.20 中可以得到，在 $z/c = 1 \sim 3$ 范围内，流体的径向速度(v_r/v)基本均为正值。因此，叶片近尾迹区域内，流体存在向叶尖运动的趋势。Moshfeghi 等人[21]根据叶片吸力面的极限流线图得出，在叶片吸力面的边界层内，流体从叶片根部流向叶片尖部。在叶片根部，截面翼型的当地攻角较大，翼型吸力面存在流动分离现象[22-23]，而在叶片尖部，边界层存在层流分离泡。同时，在叶片尖部和根部，大量的涡脱落影响了下游流体的流动状态。因此，在 $r/R = 0.3$ 和 0.9 处，径向速度存在负值，即流动方向改变。

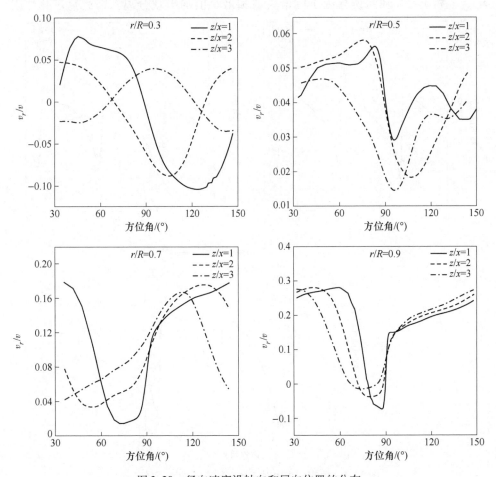

图 3.20 径向速度沿轴向和展向位置的分布

3.3.3　风切变指数对叶片近尾迹特性的影响

　　由于地面的存在，导致风速在近地面附近速度减小，地面速度为零，风速轮廓呈现指数曲线趋势，如图 3.9 所示。地面摩擦长度不同，如沙滩、草原、灌木丛等，从而形成不同风切变指数下的风速轮廓。本小节中，主要对比分析了风切变对叶片近尾迹特性的影响，同时，考虑了剪切系数等于 0.1、0.2 和 0.3，展向 $r/R = 0.7$ 的情况。

　　图 3.21 给出了风切变指数对来流空气的轴向诱导因子的影响。Sørensen 和 Shen[24] 采用致动线方法研究了风力机尾迹特性，在叶片展向 $r/R = 0.7$ 和 0.8 时，轴向诱导因子由于叶片诱导产生一个阶跃。在叶片近尾迹处，气体的轴向诱导因子受到叶片旋转的影响很大，如图 3.21 所示。在 $z/c = 1$ 处，轴向诱导因子的三个最大值基本相同，三个最小值也基本相同，几乎不受风切变的影响。而在 $z/c = 2$ 和 3 处，轴向诱导因子的最大值和最小值均出现分离。因此，在叶片附

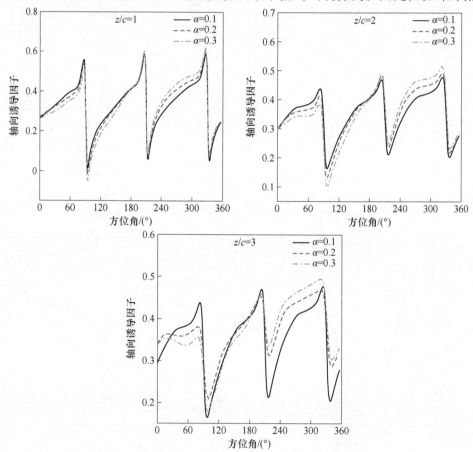

图 3.21　风切变指数对近尾迹轴向诱导因子的影响

近，空气受到叶片运动的影响很大，但是随着向叶片下游的距离的推移，风切变对叶片尾迹的影响逐步体现。

在图3.21中，在$z/c=1$处，除了三个最大值和三个最小值附近，其他方位角处，气体的轴向诱导因子存在偏差。在方位角0°~80°内，剪切系数等于0.3时，轴向诱导因子最小；而在方位角100°~200°和220°~270°之间，风切变指数等于0.3时，轴向诱导因子最大。随着流体向下游流动过程中，在风切变指数的影响下，轴向诱导因子不再为周期性变化。风切变指数越大，轴向诱导因子的波动幅度越大。

由于风切变为指数曲线，叶轮旋转平面内的轴向诱导因子呈非周期性分布；在靠近地面处，轴向诱导因子略小。在叶片尖部近尾迹区域，涡流诱导效应导致较高的轴向速度梯度。叶片压力面与吸力面之间的压力差推动流体绕流过叶片尖部，并形成叶尖涡。叶尖涡向下游传播，扰动了周围的流体，从而形成了较高的轴向速度梯度区域。

图3.22给出了风切变指数对来流空气的切向诱导因子的影响。在$z/c=1$处，

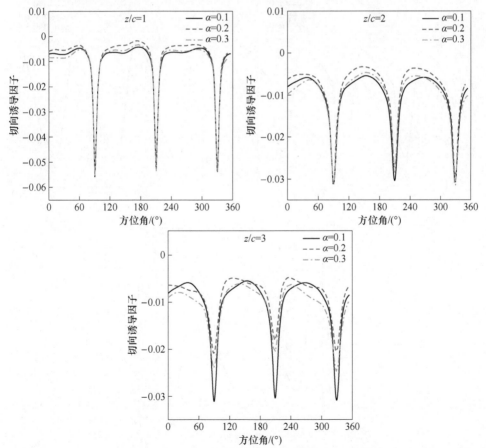

图3.22 风切变指数对近尾迹切向诱导因子的影响

在风切变作用下，切向诱导因子存在周期性的变化。风切变指数作用下的切向诱导因子出现明显的偏差，风切变指数增加，相应的偏差也增加。由于风切变指数的影响，在叶片之间的近尾迹区域，流体切向诱导因子出现了较大的偏差。

由于风力机叶片的三维旋转效应，叶尖处的流体受吸力面压力差作用，使流体获得一个切向速度，并沿吸力面向尾缘流动；而叶片尖部截面翼型的当地弦长最小，导致切向诱导因子在较小的方位角范围强烈波动。因此，旋转风力机对叶片尖部流体的切向诱导因子（即切向诱导因子最小值）起决定性作用，而风切变对切向诱导因子影响相对较弱。随着流体向下游流动，切向诱导因子受风切变指数的影响逐渐呈现。在轴向位置 $z/c = 0.3$ 处，由于风切变指数的影响，切向诱导因子出现较大的偏差。

从图 3.23 中可以看出，叶片近尾迹区域内，流体的径向速度受到风切变影响十分明显。在 $z/c = 1$、2 和 3 处，风切变指数作用下的径向速度的变化趋势基

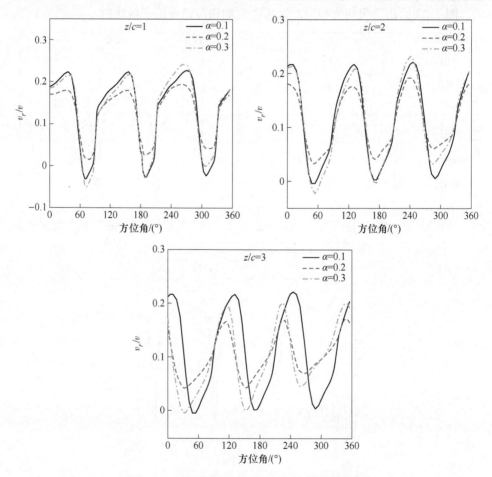

图 3.23   风切变指数对近尾迹径向速度的影响

本相同,但在不同叶片下游位置的径向速度存在显著的偏差。在图 3.23 中,在风切变作用下,径向速度存在周期性的变化,但具体数值却不相同,在最大值和最小值处十分明显,与图 3.22 存在相同的现象。因此,在叶片近尾迹内,气体的径向速度受到风切变明显的影响,且风切变指数越大,这种影响越显著。

3.4 阵风来流对风力机气动特性的影响

3.4.1 阵风来流模型

风力机运行在大气环境下,风速和风向均是随时变化,风速可以划分为持续风速和阵风风速。持续风速是指一定时间范围内的平均风速,一般采用一小时的平均风速。阵风风速是指几秒钟内的平均风速。在大型风力机的设计过程中,需要考虑阵风的影响。本小节以 WindPACT 1.5MW 风力机研究对象,研究了阵风作用下的风力机气动特性。本文中,采用参考文献 [25] 中定义的阵风速度:

$$v(H,t) = \begin{cases} v_{ws} - 0.37v_{gust}\sin(3\pi t/T_{gust})[1-\cos(2\pi t/T_{gust})] & 0 \leqslant t \leqslant T_{gust} \\ v_{ws} & t > T_{gust} \end{cases} \quad (3.2)$$

$$v_{gust} = \min\left(1.35(v_{e1}-v_{hub}), 3.3\frac{\sigma_1}{1+0.1\left(\dfrac{D}{\Lambda_1}\right)}\right) \quad (3.3)$$

式中,v_{ws} 由公式(3.1)得到,T_{gust} 为阵风周期,等于 10.5s;v_{gust} 为 N 年一遇的轮毂高度处的阵风值;D 为叶轮直径。

湍流标准差 σ_1:

$$\sigma_1 = I_{ref}(0.75v_{hub}+5.6) \quad (3.4)$$

式中,I_{ref} 等于 0.12。

纵向湍流尺度参数 Λ_1:

$$\Lambda_1 = \begin{cases} 0.7H & H \leqslant 60 \\ 42 & H > 60 \end{cases} \quad (3.5)$$

对于稳定的极端风模型,50 年一遇极端风速 v_{e50} 和 1 年一遇 v_{e1} 极端风速:

$$v_{e1} = 0.8v_{e50} \quad (3.6)$$

$$v_{e50} = 1.4v_{ref}\left(\frac{H}{H_{hub}}\right)^{0.11} \quad (3.7)$$

式中,v_{ref} 为参考风速,$v_{ref} = 50\text{m/s}$。

图 3.24 给出了风切变指数为 0.2 的阵风风速轮廓线(轮毂处)(T_{gust} 为阵风周期)。

大型风力机基本采用变桨距控制。当风速超过额定风速时,通过变桨变速系统调节叶片的桨距角，使叶轮的输出功率保持不变，叶片捕捉的风能始终为最佳工况。风力机的变桨距系统一般具有两个功能：一个是控制风力机的输出功率，一个是作为制动系统。每个叶片均由伺服电机、减速机和小齿轮等部件组成的一套传动单元驱动。一般变桨调节系统的变桨速度为 5～10°/s，整个变桨变速系统的反应延迟时间为 0.6s。根据图 3.24 显示的风速轮廓曲线，来流风速大于额定风速的持续时间为 3.5s，最大风速约为 14.48m/s。因此，整个阵风持续较短，本书中，暂不考虑变桨变速调节的作用。

3.4.2 计算结果

图 3.25 显示了在一个阵风周期内的叶轮扭矩曲线，叶轮的扭矩曲线基本与风速轮廓曲线保持一致。随着风速增大，扭矩也不断增大，说明风力机叶片未出现失速现象。根据风力机叶片的优化设计过程，叶片最优的气动性能一般在额定风速下。因此，在额定风速下，基于动量－叶素理论方法设计的风力机叶片未达到最佳的气动性能。

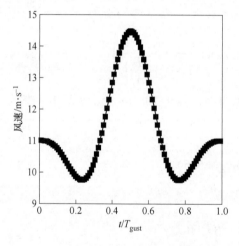
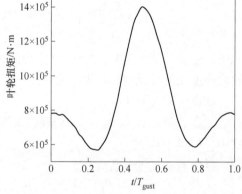

图 3.24　阵风的风速轮廓线　　　　　图 3.25　阵风对叶轮扭矩的影响

在 $t/T_{\text{gust}} = 0.34 \sim 0.65$ 内，图 3.26 和图 3.27 给出了风力机叶片（三个叶片的其中一个）沿展向的扭矩系数和推力系数。其他两个叶片沿展向的扭矩系数和推力系数基本保持相同的曲线。因此，本节不再重复给出扭矩系数和推力系数曲线图。在 $r/R = 0.3$ 处，扭矩系数和推力系数基本为最大值，除了 $t/T_{\text{gust}} > 6.33$。因此，靠近叶根的截面翼型的扭矩系数和推力系数略大，而叶尖截面翼型的扭矩系数和推力系数略小（叶根和过渡段除外），在上一小节的图 3.13 和图 3.16 显示相同的结果。由图 3.26 和图 3.27 可以得到，截面翼型的扭矩系数和推力系数均随风速增大，也相应地增大。在阵风风速最大时，扭矩系数和推力系数均最大。

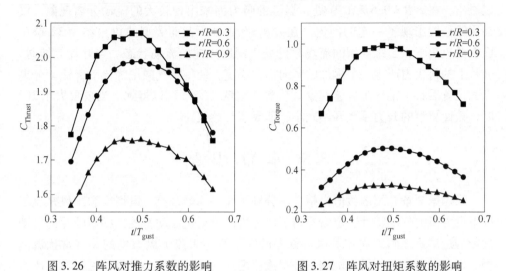

图 3.26　阵风对推力系数的影响　　　　　图 3.27　阵风对扭矩系数的影响

图 3.28 显示了展向 $r/R = 0.3$、0.6 和 0.9 截面位置的流线图和压力云图，

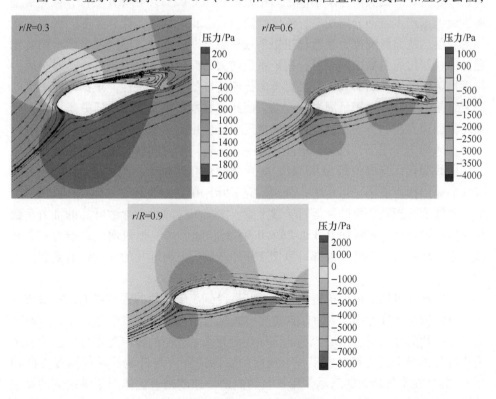

图 3.28　阵风对压力分布的影响

t/T_{gust} 约等于 0.495，即接近阵风的最大风速时间。根据叶片截面翼型的流线图可以看出，在 $r/R = 0.6$ 和 0.9 处，翼型的吸力面未出现较大的流动分离现象，仅在尾缘位置出现了一定的回流。在 $r/R = 0.3$ 处，截面翼型的攻角约为 32.68°，而在此攻角下，二维翼型的流场早已处于深度失速的流动状态。当叶片旋转时，叶片上的科氏力产生一个附加的弦向压力梯度，使得空气向尾缘流动，流动分离点的位置后移，推迟了失速现象。从参考文献 [26] 可以得到，当攻角大于 30°时，截面翼型的升力系数开始减小，即翼型开始失速。

3.5　本　章　小　结

采用第 2 章介绍的数值模拟方法分别研究了均匀来流、风切变和阵风来流工况下风力机的气动特性，定量分析了风力机的近尾迹流动特性，揭示叶片的气动性能与近尾迹之间的内在关联。首先研究了均匀来流下风力机的非定常扰流流场。研究结果表明，风力机的三维扰流流场呈现出较强的非定常特性，导致风力机的扭矩周期性振荡。在风力机的一个旋转周期内，叶轮的扭矩呈现周期性循环，叶轮扭矩的最大值与最小值之间相差比例为 1.02%。在叶片尖部，截面翼型周围流场未产生流动分离现象，流体的流动状态相对稳定，叶片尖部的涡系有规律的脱落，从而影响推力系数和扭矩系数呈现周期性波动。轴向诱导因子的变化趋势曲线与扭矩系数曲线相反，扭矩系数增大，而轴向诱导因子减小。对于风力机近尾迹流动特性的研究，有必要考虑扰流流场的非定常特性。根据均匀来流的研究结果，叶轮的扭矩呈周期性波动。因此，在本书第 5 章中，研究了涡流发生器对翼型边界层的流动控制，并将涡流发生器应用到风力机叶片上。

在风切变作用下，风力机单叶片在一个旋转周期时间内，输出扭矩的基本呈正弦曲线变化，当方位角为 90°时，叶片的输出扭矩最大；当方位角为 270°时，叶片的输出扭矩最小。本章中，分别研究了叶片在方位角 108°、194.4°和 270°下的气动性能，当风力机叶片运行轮毂上方，来流风速较大，导致叶片的推力系数和扭矩系数较大。在展向 $0.3 \leqslant r/R \leqslant 0.95$ 时，随风切变指数增大，推力系数和扭矩系数均增大。在叶片根部，风切变作用减弱，此时叶片的气动性能受到叶根中心涡影响。

在近尾迹区域，风力机近尾迹流动特性受到旋转叶片的强烈影响，并形成一个明显的轴向速度亏损，这种轴向速度亏损随着流体向下游流动过程中，逐渐减弱；在叶片尖部近尾迹区域，涡流诱导效应导致了较高的轴向速度梯度。旋转风力机叶片诱导来流空气形成了一个反向的切向速度（与叶轮旋转线速度方向相反），并且在空气运动的阻尼作用下，切向诱导速度随着流体向下游的流动而逐渐减小。由于流体受到风切变的影响，叶轮旋转平面内的轴向诱导因子呈非周期性分布，在靠近地面处，轴向诱导因子略小。在近尾迹区域，流体的轴向诱导因子和切向诱导因子受到风切变指数的影响，特别是叶片之间区域的流动特性。流体的径向速度受到风切变影响十分明显，且风切变指数越大，影响越显著。

在阵风作用下，叶轮的扭矩曲线基本与风速轮廓曲线保持一致，随着风速增大，扭矩也不断增大，由此得出，在额定风速下，根据动量–叶素理论方法设计的风力机叶片未达到最佳的气动性能。因此，在本书第 4 章中，将 Kriging 代理模型与 CFD 方法相结合，建立了一套叶片几何外形优化方法。

参 考 文 献

[1] Whale J, Anderson C G, Bareiss R, et al. An experimental and numerical study of the vortex structure in the wake of a wind turbine [J]. Journal of Wind Engineering and Industrial Aerodynamics, 2000, 84 (1): 1-21.

[2] Srensen J N. Instability of helical tip vortices in rotor wakes [J]. Journal of Fluid Mechanics, 2011, 682: 1-4.

[3] Crespo A, Hernandez J. Turbulence characteristics in wind-turbine wakes [J]. Journal of Wind Engineering and Industrial Aerodynamics, 1996, 61 (1): 71-85.

[4] Grant I, Mo M, Pan X, et al. An experimental and numerical study of the vortex filaments in the wake of an operational horizontal-axis wind turbine [J]. Journal of Wind Engineering and Industrial Aerodynamics, 2000, 85: 177-189.

[5] Sherry M, Sheridan J, Jacono D L. Characterisation of a horizontal axis wind turbine's tip and root vortices [J]. Experiments in Fluids, 2013, 54 (3): 1-19.

[6] Abkar M, F Porté-Agel. Influence of atmospheric stability on wind-turbine wakes: A large-eddy simulation study [J]. Physics of Fluids, 2015, 27 (3): 467-510.

[7] Sezer-Uzol N, Uzol O. Effect of steady and transient wind shear on the wake structure and performance of a horizontal axis wind turbine rotor [J]. Wind Energy, 2013, 16 (1): 1-17.

[8] Whale J, Papadopoulos K H, Anderson C G, et al. A study of the near wake structure of a wind turbine comparing measurements from laboratory and full-scale experiments [J]. Solar Energy, 1996, 56 (6): 621-633.

[9] Sanderse B. Aerodynamics of Wind Turbine Wakes [R]. Energy Research Center of the Netherlands, 2009.

[10] Adaramola M S, Krogstad P A. Experimental investigation of wake effects on wind turbine performance [J]. Renewable Energy, 2011, 36 (8): 2078-2086.

[11] Barthelmie R J, Larsen G C, Frandsen S T, et al. Comparison of Wake Model Simulations with Offshore Wind Turbine Wake Profiles Measured by Sodar [J]. Journal of Atmospheric & Oceanic Technology, 2006, 23 (7): 888-901.

[12] Benjanirat S. Computational studies of the horizontal axis wind turbines in high wind speed condition using advanced turbulence models [D]. Atlanta: Georgia Institute of Technology, 2006.

［13］ Mukai J, Enomoto S, Aoyama T . Large-Eddy Simulation of Natural Low-Frequency Flow Oscillations on an Airfoil Near Stall ［C］. 44th AIAA Aerospace Sciences Meeting and Exhibit, 2013.

［14］ Almutairi J H, Jones L E, Sandham N D. Large Eddy Simulation of Flow Around an Airfoil Near Stall ［M］. Direct and Large-Eddy Simulation Ⅶ. Springer Netherlands, 2010: 527-531.

［15］ Amaris H, Vilar C, Usaola J, et al. Frequency domain analysis of flicker produced by wind energy conversions systems ［C］. International Conference on Harmonics & Quality of Power. IEEE, 1998.

［16］ Lynch C E, Smith M J. Unstructured overset incompressible computational fluid dynamics for unsteady wind turbine simulations ［J］. Wind Energy, 2013, 16 (7): 1033-1048.

［17］ 贺德馨. 风工程与工业空气动力学 ［M］. 北京: 国防工业出版社, 2006: 80-97.

［18］ 胡丹梅, 欧阳华, 杜朝辉. 水平轴风力机尾迹流场试验 ［J］. 太阳能学报, 2006, 27 (6): 606-612.

［19］ Mo J O, Choudhry A, Arjomandi M, et al. Large eddy simulation of the wind turbine wake characteristics in the numerical wind tunnel model ［J］. Journal of Wind Engineering and Industrial Aerodynamics, 2013, 112: 11-24.

［20］ AbdelSalam A M, Ramalingam V. Wake prediction of horizontal-axis wind turbine using full-rotor modeling ［J］. Journal of Wind Engineering and Industrial Aerodynamics, 2014, 124: 7-19.

［21］ Moshfeghi M, Song Y J, Xie Y H. Effects of near-wall grid spacing on SST-K-ω model using NREL Phase Ⅵ horizontal axis wind turbine ［J］. Journal of Wind Engineering and Industrial Aerodynamics, 2012, 107: 94-105.

［22］ 钟伟. 分离失速下风力机气动力数值模拟研究 ［D］. 南京: 南京航空航天大学, 2012.

［23］ Sørensen N N, Michelsen J A, Schreck S. Navier-Stokes predictions of the NREL Phase Ⅵ rotor in the NASA Ames 80 ft × 120 ft wind tunnel ［J］. Wind Energy, 2002, 5 (2/3): 151-169.

［24］ Sørensen J N, Shen W Z. Numerical modeling of wind turbine wakes ［J］. Journal of fluids engineering, 2002, 124 (2): 393-399.

［25］ International Electrotechnical Commission. IEC 61400-1: Wind turbines part 1: Design requirements ［S］. International Electrotechnical Commission, 2005.

［26］ Breton S P, Coton F N, Moe G. A study on rotational effects and different stall delay models using a prescribed wake vortex scheme and NREL Phase Ⅵ experiment data ［J］. Wind Energy, 2008, 11 (5): 459-482.

4 风力机叶片外形的优化计算及分析

提高风力发电机组的可靠性和风能捕获能力是降低能源成本的有效途径之一。水平轴风力机叶片气动外形的设计和优化方法主要是基于采用动量－叶素理论方法。该方法具有计算过程简单、求解速度快等优点，能快速获得螺旋桨的气动性能，首次应用于螺旋桨的设计和舰船、直升机的性能预测[1-4]。同时，许多学者采用动量－叶素理论方法对风力机叶片进行了优化设计，而动量－叶素理论方法忽略了叶片转动的影响[5-8]。风力机叶片的优化设计过程中，将叶片沿展向分成多个微段，即叶素。每个叶素应用的数据主要通过二元翼型风洞试验获得。但是基于动力－叶素理论方法设计的叶片气动性能与实际运行过程中的叶片气动性能存在一定偏差，导致叶片运行过程中出现失速延迟、叶片损失和叶根损失等现象。现有的试验方法和数值模拟方法主要集中在风力机叶片气动性能的预测上，而根据试验方法和数值模拟方法获得的叶片气动特性，来指导风力机叶片设计和优化的研究工作开展较少。

在风力机技术的发展过程中，对叶片的物理参数和几何形状不断地进行了优化。Ashrafi 等人[9]利用动量－叶素理论方法设计了一台 200kW 风力机，并研究了叶片性能参数随非设计风速的变化规律。Shen 等人[10]用三维积叠线优化了弦长和扭角的分布。Pourrajabian 等人[11]利用动量－叶素理论方法、伴有遗传算法的简单梁理论对小型风力机叶片的气动结构进行了优化设计研究。Tahani 等人[12]使用一种新的线性化方法来设计叶片弦长和扭角的分布。Richards 等人[13]提出了一种大型风力机叶片的气动弹性设计策略，并以 100m 叶片为例进行了验证。Campobasso 等人[14]提出了一种水平轴风力机转子气动设计的稳健优化策略，包括由于制造和装配误差引起叶片几何形状的不确定性，而导致的年发电量的变化。与传统确定性优化方法相比，该稳健优化方法设计的叶片对随机几何误差的敏感性较低，而传统确定性优化方法忽略了这些误差。Pavese 等人[15]对一台 10MW 风力机叶片使用后掠叶片减轻风力机的被动负载。同时，也有学者从低风速[16-17]和多目标[18-21]出发对风力机叶片进行了优化设计。

代理模型方法在地质[22]、气象[23]、遥感[24]、航空航天[25]、风力发电[26]等领域有着广泛的应用。Kriging 代理模型方法充分考虑了样本点之间的距离和样本点的聚集性，能够很好地反映估值过程中变量的空间分布和连续性。Ribeiro 等人[27]使用替代模型，结合计算流体力学来设计风力涡轮机翼型。Jouhaud 等人[28]提出了一种基于代理模型的形状优化方法，并将其应用于 NACA 翼型的多学科形状优化。Yamazaki 等人[29]和 Han 等人[30]也使用 Kriging 代理模型方法来提高翼型设计的效率。Carrasco 等人[31]提出了一种新的方法，通过实施替代模型来优化叶片的弦、扭曲和提高年发电量，该方法可以使能源产量提高 23%。Sessarego 等人[32]利用替代模型和三维黏－无黏相互作用技术设计了风力机叶片，该优化方法提供了一种独特的方法，应用代理模型方法解决计算成本较高问题，而不需要常用的动量－叶素理论方法，并将该方法应用于风力机叶片设计。结果表明，采用新的设计方法可以获得几乎相同的气动性能，该方法对风力机叶片的气动性能设计是有效的。Zhang 等人[33]提出了一种新的尾流能量再利用方法来优化 Savonius 型垂直轴风力机的布局，并用 Kriging 模型描述了优化目标与布局位置之间的关系。

在风力机旋转的影响下，离心力导致边界层的流体流向叶片叶尖，同时流体也向叶片后缘流动。这是因为科里奥利力产生了一个额外的弦向压力梯度。因此，边界层逐渐变薄，失速分离点向叶片后缘移动，这种现象称为失速延迟现象。失速延迟现象导致叶片的设计功率与实际输出功率存在一定的偏差。采用试验方法和数值模拟方法均可以获得该风力机的气动特性，风力机叶片的设计如采用试验方法和数值模拟方法，需要大量的试验时间和数值模拟计算时间。在优化过程中，采用代理模型可以减少试验时间和数值模拟计算时间。在保证一定精度的基础上，利用代理模型方法建立近似模型，即近似模型取代了训练样本点和响应值之间的真实对应。

目前，叶片设计过程中主要采用二维翼型的风洞试验结果，没有考虑叶片的三维旋转。本书提出了一种风力机叶片的优化设计方法，该方法将数值模拟方法与代理模型方法相结合，通过数值模拟方法获得叶片的气动性能，代理模型方法可以减少数值模拟方法的计算量。本书采用数值模拟方法，在考虑叶片旋转的情况下，得到了各个训练样本点的响应值。以风功率系数为优化目标，优化方法对风力机叶片的当地扭角进行优化，并对优化后的风力机叶片进行了气动性能分析。

4.1　代理模型方法

代理模型方法是以数理统计理论为基础理论，根据已知的样本点数据，在确保一定精度的基础上，通过数学方法，建立了近似的模型来代替原有的复杂模型。代理模型主要包括两方面的内容：试验设计方法和近似模型方法。根据代理模型所需，试验设计方法进行相应样本点的选取，属于采样策略。近似模型方法是对样本点进行拟合数据和建立预测模型。

4.1.1 试验设计方法

构建代理模型过程中，首先是对设计空间进行样本点的采样，用于建立代理模型，而代理模型的预测精度也在一定程度上取决于训练样本点在设计空间中的位置分布。因此，训练样本点的采样需要采取一定的准则，使得选取少量的样本点，就可能全面映射出设计空间的特性，从而使代理模型获得较高的精度。试验设计由因子、水平和响应三个要素组成。试验设计中的设计变量称为因子；因子的不同状态称为水平；设计变量对应的输出变量称为响应。目前，常用的试验设计方法有全析因试验设计、正交试验设计、均匀试验设计、中心复合设计及拉丁超立方试验设计等。

4.1.1.1 全析因试验设计

全析因试验设计需要研究对试验设计中的所有因子的所有水平的组合，对每一种组合都完成一次试验。该试验设计获知的信息量很大，给出各个因子之间的相互作用，也能够观察单因子各个水平对试验结果的作用，对空间的精度把握最好。但是，当试验设计的因子和水平较多时，试验所需的次数非常大。因此，全析因试验设计适用于因子和水平较少的情况。全析因试验设计的试验次数：

$$N = \prod_{i=1}^{n} m_i \tag{4.1}$$

式中，n 为因子的个数；m_i 为第 i 个因子的水平数；N 为总试验次数。

图4.1 给出了3因子3水平的全析因试验设计。

4.1.1.2 正交试验设计

正交试验设计是采用正交表来安排试验设计的方法，从全部试验中挑选出具有代表性的训练样本点来进行试验。该试验设计具有均匀分散和整齐可比等优点。在试验空间内，样本点均匀分布，与全析因试验设计相比，总试验次数相对较少。正交表的形式为 $L_A(m^n)$，L 表示正交表，A 为试验次数，m 为因子个数，n 为因子的水平数。图4.2 显示了 $L_9(3^3)$ 样本点的分布。

4.1.1.3 均匀试验设计

均匀试验设计不再考虑整齐可比性，仅仅考虑均匀分散性。该试验设计方法是由著名的数学家方开泰和王元[34-35]提出的。对比正交试验设计，均匀试验设计的样本点在设计空间中能够均匀分散。在试验设计中，每个水平仅出现一次。均匀试验设计表的形式一般为 $U_A(p^q)$，其中，U 为均匀试验设计表，A 为行数（即均匀试验设计所需要的试验次数），p 为因子的水平数，q 为因子的个数。对一个3因子3水平数的试验，全析因试验设计共需要27次试验，正交试验设计共需要9次试验，而均匀试验设计则共需要3次试验。

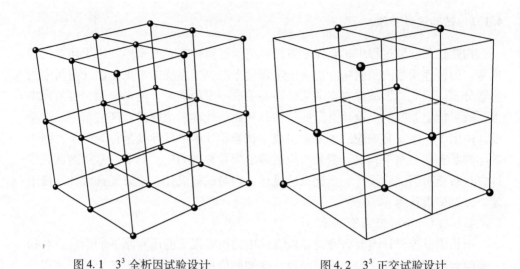

图 4.1　3^3 全析因试验设计　　　　　图 4.2　3^3 正交试验设计

4.1.1.4　中心复合试验设计

中心复合试验设计是针对二次多项式响应面模型的试验设计方法，需要进行分批试验。中心复合试验设计需要根据每个因子的 ±1 两个水平值，建立一个 $L_A(2^n)$ 试验设计。

4.1.1.5　拉丁超立方试验设计

拉丁超立方试验设计由 McKay 等人[36] 提出的一种试验设计方法。该方法是根据空间填充设计的原理，将试验点在整个试验设计空间均匀分布。拉丁超立方试验设计的试验总次数与水平数相等，与因子的个数无关，适用于多因子的试验设计。拉丁超立方试验设计一般可以按照以下公式选取：

$$x_j^{(t)} = \frac{\pi_j^{(i)} + U_j^{(i)}}{l} \tag{4.2}$$

式中，U 为 0 到 1 之间的随机数值；π 为 0，1，…，$l-1$ 的独立随机排列；$1 \leqslant j \leqslant n$；$1 \leqslant i \leqslant l$。

该方法通过选取较少的样本点，反映整个试验设计的空间属性。

尽管拉丁超立方试验设计具有效率高、样本点较少和均衡性能好等优点。但是，该方法的试验点是由不同水平数之间随机配对组合的，导致拉丁超立方试验设计中采样不稳定。因此，学者对拉丁超立方试验设计进行了改进，以样本点之间的最大距离为优化方向，例如最优化拉丁超立方试验设计和中心化拉丁超立方试验设计等。图 4.3 显示了拉丁超立方试验设计的样本点。样本存在分布不均匀，局部过疏和过密情况；而最优化拉丁超立方试验设计选取的样本点，其分布更为均匀。

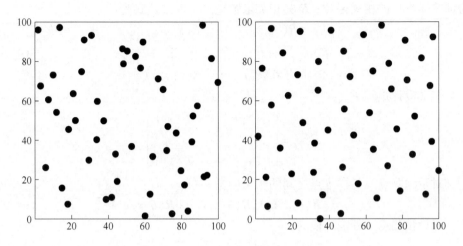

图4.3 拉丁超立方试验设计（左）和最优化拉丁超立方试验设计（右）

4.1.2 Kriging 代理模型

近似模型方法是对所选取的样本的点响应进行数据拟合与插值，根据已知的样本点信息来获得未知点的信息。目前，应用较多的代理模型有多项式响应面模型、径向基函数模型和 Kriging 代理模型等，其中，径向基函数模型和 Kriging 代理模型应用广泛。径向基函数引入平滑因子，预测插值结果表面比较光滑。但是，在预测区域内，训练样本点在局部变异性较大，采样数据具有较大的不确定性，预计的结果难以保证准确性。Kriging 代理模型给出估计误差，充分考虑空间变量相关性，有效弥补数据存在的聚类影响。插值精度高，其缺点是计算步骤繁琐，插值计算速度慢。Kriging 代理模型由产矿工程师 Krige 提出。该模型是一种估计方差最小的无偏估计模型。Kriging 代理模型由一个参数模型和一个非参数随机过程组合而成，该模型与单个的参数化模型相比，更具有灵活性，并克服了非参数化模型处理高维数据所存在的局限性。Kriging 代理模型由多项式和随机分布组成，具体模型为：

$$\hat{y}(x) = f(x)_{p \times 1}^{\mathrm{T}} \beta_{p \times 1} + z(x) \tag{4.3}$$

式中，$\beta_{p \times 1}$ 为回归系数向量；$f(x)_{p \times 1}^{\mathrm{T}}$ 为已知的回归模型，多为多项式函数，可以为常数、一阶或二阶函数；$f(x)_{p \times 1}^{\mathrm{T}} \beta_{p \times 1}$ 为已知部分，对试验设计空间全局近似；$z(x)$ 为随机误差，服从正态分布，协方差非零，具有统计特性。

$$E[z(x)] = 0 \tag{4.4}$$

$$\mathrm{Var}[z(x)] = \sigma_a^2 \tag{4.5}$$

$$\mathrm{Cov}[z(x_i), z(x_j)] = \sigma_a^2 \boldsymbol{R}[R(\theta, x_i, x_j)] \tag{4.6}$$

式中，x_i 和 x_j 为两个任意的训练样本点；θ 为各向异性相关参数；$R(\theta, x_i, x_j)$

为训练样本点的相关函数；$\boldsymbol{R}$ 为相关函数矩阵，其表达式为：

$$\boldsymbol{R} = \begin{bmatrix} R(x_1,x_1) & \cdots & R(x_1,x_m) \\ \vdots & \ddots & \vdots \\ R(x_m,x_1) & \cdots & R(x_m,x_m) \end{bmatrix} \tag{4.7}$$

定义设计矩阵 $\boldsymbol{F}_{m \times p}$：

$$\boldsymbol{F}_{m \times p} = \begin{bmatrix} f_1(x_1) & \cdots & f_p(x_1) \\ \vdots & \ddots & \vdots \\ f_1(x_m) & \cdots & f_p(x_m) \end{bmatrix} \tag{4.8}$$

对于预测点 x 与样本点之间的相关向量 $\boldsymbol{r}(x)$，有：

$$r(x) = [\boldsymbol{R}(\theta,x,x_1),\boldsymbol{R}(\theta,x,x_2)\cdots\boldsymbol{R}(\theta,x,x_m)]^{\mathrm{T}} \tag{4.9}$$

假设预测点 x 处响应值为：

$$\hat{y}(x) = g^{\mathrm{T}}Y \tag{4.10}$$

根据样本点的响应值 $Y = [y_1,y_2,\cdots,y_m]^{\mathrm{T}}$ 线性组合来计算预测点的响应值，$g^{\mathrm{T}} = [g_1,g_2\cdots,g_m]^{\mathrm{T}}$ 为预测响应值权系数向量。将式（4.10）与式（4.3）相减，即预测点的响应值与真实值之间的误差：

$$\begin{aligned} \hat{y}(x) - y(x) &= g^{\mathrm{T}}Y - y(x) = g^{\mathrm{T}}(F\beta_{p \times 1} + \boldsymbol{Z}) - [f(x)^{\mathrm{T}}\beta_{p \times 1} + z] \\ &= g^{\mathrm{T}}\boldsymbol{Z} - z + [F^{\mathrm{T}}g - f(x)]^{\mathrm{T}}\beta_{p \times 1} \end{aligned} \tag{4.11}$$

式中，$\boldsymbol{Z}$ 为误差向量，$\boldsymbol{Z} = [z_1,z_2,\cdots,z_m]^{\mathrm{T}}$。

根据误差的均值为零，有：

$$[F^{\mathrm{T}}G - f(x)]^{\mathrm{T}} = 0 \tag{4.12}$$

$$F^{\mathrm{T}}G = f(x) \tag{4.13}$$

在无偏的条件下，公式（4.10）的预测方差为：

$$\begin{aligned} \varphi(x) &= E[(\hat{y}(x) - y(x))^2] \\ &= E[(g^{\mathrm{T}}\boldsymbol{Z} - z)^2] \\ &= E(z^2 + g^{\mathrm{T}}\boldsymbol{Z}\boldsymbol{Z}^{\mathrm{T}}g - 2g^{\mathrm{T}}\boldsymbol{Z}z) \\ &= \sigma_a^2(1 + g^{\mathrm{T}}\boldsymbol{R}c - 2g^{\mathrm{T}}r) \end{aligned} \tag{4.14}$$

Kriging 是一种估计方差最小的无偏估计模型，引入拉格朗日乘子，得到最小化误差的拉格朗日函数为：

$$L(g,y) = \sigma_a^2(1 + g^{\mathrm{T}}\boldsymbol{R}c - 2g^{\mathrm{T}}r) - \lambda_0^{\mathrm{T}}(F^{\mathrm{T}}g - f) \tag{4.15}$$

式中，λ_0 为拉格朗日因子。

对公式（4.15）相对于权系数 g^{T} 的导数为：

$$L_c'(g,\lambda_0) = 2\sigma_a^2(\boldsymbol{R}g - r) - F\lambda_0 \tag{4.16}$$

利用广义最小二乘法可以得到 Kriging 代理模型的矩阵：

$$\begin{bmatrix} \boldsymbol{R} & F \\ F^{\mathrm{T}} & 0 \end{bmatrix} \begin{bmatrix} g \\ \tilde{\lambda}_0 \end{bmatrix} = \begin{bmatrix} r \\ f \end{bmatrix} \tag{4.17}$$

其中，$\tilde{\lambda}_0 = -\dfrac{\lambda_0}{2\sigma_a^2}$，求解得到：

$$\tilde{\lambda}_0 = (F^{\mathrm{T}}\mathbf{R}^{-1}F)^{-1}(F^{\mathrm{T}}\mathbf{R}^{-1}r - f) \tag{4.18}$$

$$g = \mathbf{R}^{-1}(r - F\tilde{\lambda}_0) \tag{4.19}$$

式（4.18）和式（4.19）是保证 Kriging 预测过程的无偏性所需要满足的条件。将式（4.18）和式（4.19）代入到式（4.10）中可得预测模型：

$$\hat{y}(x) = (r - F\tilde{\lambda}_0)\mathbf{R}^{-1}Y$$
$$= r^{\mathrm{T}}\mathbf{R}^{-1}Y - (F^{\mathrm{T}}\mathbf{R}^{-1}r - f)^{\mathrm{T}}(F^{\mathrm{T}}\mathbf{R}^{-1}F)^{-1}F^{\mathrm{T}}\mathbf{R}^{-1}Y \tag{4.20}$$

由于回归问题 $F\beta_{p\times1} \approx Y$，广义最小二乘估计为：

$$\beta^* = (F^{\mathrm{T}}\mathbf{R}^{-1}F)^{-1}F^{\mathrm{T}}\mathbf{R}^{-1}Y \tag{4.21}$$

将公式（4.21）代入到公式（4.20）可得：

$$\hat{y}(x) = r^{\mathrm{T}}\mathbf{R}^{-1}Y - (F^{\mathrm{T}}\mathbf{R}^{-1}r - f)^{\mathrm{T}}\beta^*$$
$$= f^{\mathrm{T}}\beta^* + r^{\mathrm{T}}\mathbf{R}^{-1}(Y - F\beta^*)$$
$$= f(x)^{\mathrm{T}}\beta^* + r(x)^{\mathrm{T}}\gamma^* \tag{4.22}$$

其中，$\mathbf{R}\gamma^* = Y - F\beta^*$，$\gamma^*$ 和 β^* 均与预测点 x 无关，可以根据已知样本点和响应值得到。Kriging 代理模型的预测误差为：

$$\varphi(x) = \sigma_a^2[1 + g^{\mathrm{T}}(\mathbf{R}g - 2r)]$$
$$= \sigma_a^2[1 + (F\tilde{\lambda}_0 - r)^{\mathrm{T}}\mathbf{R}^{-1}(F\tilde{\lambda}_0 + r)]$$
$$= \sigma_a^2(1 + \tilde{\lambda}_0^{\mathrm{T}}F^{\mathrm{T}}\mathbf{R}^{-1}F\tilde{\lambda}_0 - r^{\mathrm{T}}\mathbf{R}^{-1}r)$$
$$= \sigma_a^2[1 + u^{\mathrm{T}}(F^{\mathrm{T}}\mathbf{R}^{-1}F)^{-1}u - r^{\mathrm{T}}\mathbf{R}^{-1}r] \tag{4.23}$$

其中，$u = F^{\mathrm{T}}\mathbf{R}^{-1}r - f$。将式（4.18）和式（4.19）代入到式（4.14）可得预测方差的最大似然估计：

$$\sigma_a^2 = \frac{1}{m}(Y - F\beta^*)^{\mathrm{T}}(Y - F\beta^*) \tag{4.24}$$

已知的回归函数模型通常选取常数、一阶和二阶线性多项式模型。Sasena[37] 介绍了不同的回归模型对 Kriging 代理模型的预测精度影响较小，本书选择一阶线性多项式模型。相关函数的形式为：

$$R(\theta, \omega, x) = \prod_{j=1}^{n} R(\theta_j, d_j) \tag{4.25}$$

其中，$d_j = |\omega_j - x_j|$。

$$\zeta(\xi_j) = \begin{cases} 1 - 15\xi_j^2 + 30\xi_j^3 & 0 \leqslant \xi_j \leqslant 0.2 \\ 1.25(1 - \xi_j)^3 & 0.2 < \xi_j < 1 \\ 0 & \xi_j \geqslant 1 \end{cases} \tag{4.26}$$

表 4.1 中可以分为两部分：表现为线性形式的 EXP、LIN 和 SPHERICAL 相关函数，和表现为抛物线形式 GAUSS、CUBIC 和 SPLINE 相关函数。EXPG 相

关函数依靠参数 $\theta_{n+1}=1$ 或 $\theta_{n+1}=2$ 分别给定 EXP 相关函数或 GAUSS 相关函数。相关函数的选取方式一般取决于潜在的物理现象，对于连续可微的问题，选择抛物线形式的相关函数。目前，GAUSS 相关函数计算效果最好和应用最为广泛。

表 4.1　常用的相关函数

名　字	$R_j(\theta,d_j)$
EXP	$\exp(-\theta_j\,|\,d_j\,|)$
EXPG	$\exp(-\theta_j\,|\,d_j\,|^{\eta_{n+1}}),0\leqslant\theta_{n+1}\leqslant2$
LIN	$\max\{0,1-\theta_j\,|\,d_j\,|\}$
SPHERICAL	$1-1.5\xi_j+0.5\xi_j^3,\xi_j=\min\{1,\theta_j\,|\,d_j\,|\}$
GUASS	$\exp(-\theta_j d_j^2)$
CUBIC	$1-3\xi_j^2+2\xi_j^3,\xi_j=\min\{1,\theta_j\,|\,d_j\,|\}$
SPLINE	$\zeta(\xi_j),\xi_j=\theta_j\,|\,d_j\,|$

当确定了回归函数模型和相关函数，相关函数矩阵 $\boldsymbol{R}$、广义最小二乘估计 β^* 和预测方差的最大似然估计 σ_a^2 均与各向异性相关参数 θ 有关。随机函数 $z(x)$ 服从正态分布，则 $\hat{y}(x)$ 的对数似然函数为：

$$-\frac{1}{2}[(m\ln\sigma_a^2+\ln|\boldsymbol{R}|)+(Y-F\beta^*)^{\mathrm{T}}\boldsymbol{R}^{-1}(Y-F\beta^*)/\sigma_a^2]\qquad(4.27)$$

将公式（4.21）和公式（4.24）代入到公式（4.27）可得，并忽略掉常数项可得：

$$-\frac{m}{2}\ln(\sigma_a^2)-\frac{1}{2}\ln(|\boldsymbol{R}|)\qquad(4.28)$$

因此，问题可以转化求解一个非线性的无约束全局优化问题：

$$\min[\Psi(\theta)]\equiv\sigma_a(\theta)^2|\boldsymbol{R}|\qquad(4.29)$$

Forrester 和 Keane[38] 阐述了各向异性相关参数 θ 的初始值对优化结果的影响。Lophaven 等人[39] 对 Kriging 代理模型构建了相关算法，介绍了各向异性相关参数 θ 初始值对预测结果的影响，并采用模式搜索算法对各向异性相关参数 θ 的初始值进行优化求解。然而，Martin[40] 采用牛顿迭代法求解各向异性相关参数 θ 初始值。王红涛[41] 将小生物镜微种群遗传算法代替模式搜索算法，求解相关参数 θ 的初始值，改进后的代理模型的预测误差明显降低。Ata 和 Myo[42]、Costa 等人[43]、Zhang 等人[44] 将模式搜索算法与遗传算法的优点相结合，介绍了一种混合算法，并对混合算法进行了验证。模式搜索算法的局部搜索能力较强，是一个简单、高效的算法，但对初值选取要求较高。然而，遗传算法是一种借鉴生物在进化过程中自然选择和自然遗传机制而提出的算法，广泛应用的全局搜索算法，但局部细搜索上存在不足。因此，采用模式算法与遗传算法的混合算法改进 Kriging 代理模型，并对改进的 Kriging 代理模型进行预测精度测试。

为了验证代理模型的预测能力以及改进的 Kriging 代理模型的拟合精度，采用均方根误差（RMSE）来衡量代理模型的预测误差，计算公式为：

$$\text{RMSE} = \sqrt{\frac{\sum\limits_{i=1}^{m} \left[f(x) - \hat{f}(x) \right]^2}{m}} \tag{4.30}$$

式中，$f(x)$ 为预测函数的真实值；$\hat{f}(x)$ 为代理模型的预测值；m 为测试样本点个数。

基于 Kriging 代理模型和改进的 Kriging 代理模型，分别拟合测试函数 $F_1(x)$、$F_2(x)$ 和 $F_3(x)$，利用最优化拉丁超立方试验设计方法分别对测试函数 $F_1(x)$、$F_2(x)$ 和 $F_3(x)$ 选取了 33 个、60 个和 60 个训练样本点。图 4.4、图 4.5 和图 4.6 分别给出了三个测试函数的三维图和改进的 Kriging 代理模型预测的测试函数的三维图，而表 4.2 对比了 Kriging 代理模型和改进的 Kriging 代理模型的均方根误差。改进的 Kriging 代理模型均能准确地预测测试函数的分布，三个函数的均方根误差均有所下降，其中，Schaffer 函数分布简单，其均方根误差降低幅度最大。

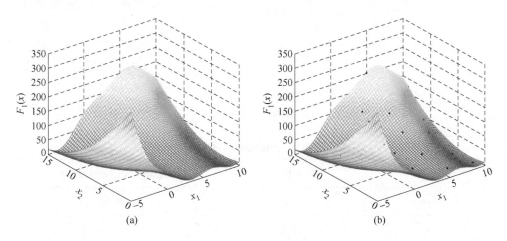

图 4.4 Branin 函数

（a）解析解；（b）拟合解

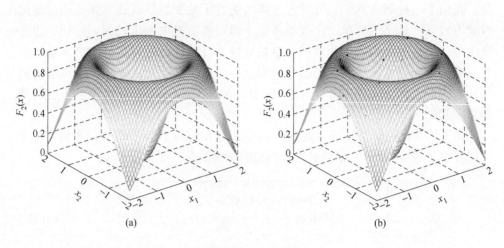

(a)　　　　　　　　　　　　　(b)

图 4.5　Schaffer 函数

（a）解析解；（b）拟合解

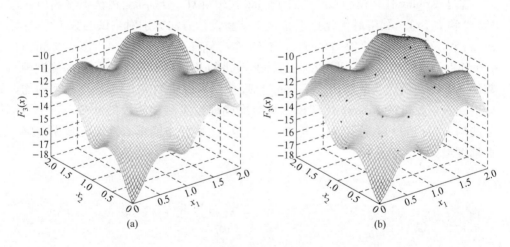

(a)　　　　　　　　　　　　　(b)

图 4.6　Ackley 函数

（a）解析解；（b）拟合解

表 4.2　测试函数的 RMSE

表达式	Kriging 模型 RMSE	改进的 Kriging 模型 RMSE
$F_1(x)$	0.4264	0.3034
$F_2(x)$	0.0284	0.0044
$F_3(x)$	0.1957	0.1611

（1）Branin 函数：

$$F_1(x) = \left(x_2 - \frac{5.1}{4\pi^2}x_1^2 + \frac{5}{\pi}x_1 - 6 \right)^2 + 10\left(1 - \frac{1}{8\pi} \right)\cos x_1 + 10 \qquad (4.31)$$

式中，$x_1 \in [-5, 10], x_2 \in [0, 15]$。

（2）Schaffer 函数：

$$F_2(x) = \frac{\sin^2\sqrt{x_1^2 + x_2^2} - 0.5}{[1 + 0.001 \times (x_1^2 + x_2^2)]^2} + 0.5 \qquad (4.32)$$

式中，$x_1 \in [-2, 2], x_2 \in [-2, 2]$。

（3）Ackley 函数：

$$F_3(x) = -20\exp\left(-0.2\sqrt{\frac{x_1^2 + x_2^2}{2}} \right) - \exp\left[\frac{\cos(2\pi x_1) + \cos(2\pi x_2)}{2} \right] + 2 + e$$

$$(4.33)$$

式中，$x_1 \in [0, 2]$，$x_2 \in [0, 2]$。

4.2　WindPACT 风力机叶片几何外形优化

4.2.1　代理模型优化的流程

　　根据第 2 章和第 3 章给出的叶片流场的数值模拟方法和网格划分方法来获得训练样本点对应的响应。本书中，采用最优化拉丁超立方试验设计方法进行样本点的采样，以改进 Kriging 代理模型为近似模型方法，对风力机叶片几何外形参数进行优化，整个优化的流程如下所示（流程图如图 4.7 所示）：

　　（1）根据风力机叶片的优化目标，确定气动外形参数的优化变量及其范围，对训练样本点进行数据采集；

　　（2）基于第 2 章给出的叶片流场数值模拟方法和第三章给出的流场网格划分方法，求解训练样本点对应的响应；

　　（3）构建代理模型，并得到优化结果；

　　（4）如果代理模型预测的结果精度不够，则回到第（1）步，重新选取训练样本点，直到获得满意结果。

4.2.2　风力机叶片当地扭角的优化

　　由于风力机叶片绕流流动的复杂性，叶片气动外形优化设计具有多维和非线性等特点。目前，水平轴风力机叶片设计及性能预估方法基本采用经典动量－叶素理论以及二元风洞翼型试验数据。叶素理论假设每个叶素之间的流动互不干扰，即风力机叶片周围的流体不存在径向速度。在风力机叶片的三维作用及旋转

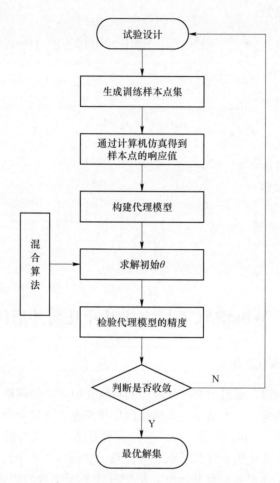

图 4.7　代理模型方法的优化流程

影响下，离心力使边界层的流体向叶尖流动，而叶片上的科氏力产生一个附加的弦向压力梯度，使得空气向尾缘流动。因此，叶片表面的边界层变薄，失速分离点向后移动，即失速延迟现象。叶片三维旋转的影响导致叶片的设计功率与运行的输出功率存在较大差距，特别在高风速工况（即在高能量输出工况）下，应用该方法得到的功率输出设计值通常低于实际测量值，大大限制了风力机的发电能力。即使一些学者提出了叶尖损失模型、叶根损失模型和失速延迟模型对动量－叶素理论进行修正，但是基于动量－叶素理论设计和优化的风力机叶片，其性能仍与实际运行的气动性能存在一定的差异。

　　目前，飞机机翼和直升机旋翼气动外形的优化方法主要有三类：经典优化算法（伴随方法等）、元启发式优化算法（遗传算法等）和代理模型优化算法。经典的优化算法可以较好地处理大量的设计参数，但不具有全局寻优能力；元启发式优化算法具有非常优秀的全局寻优能力，但是所需要求解的函数数量较多；代理模型优化算法具有全局寻优能力，求解过程中不需要计算导数，但是代理模型优化算法受到优化气动参数的限制，主要应用在设计参数有限的优化问题。在本章风力机叶片几何外形的优化过程中，所涉及的气动参数较少，故选取代理模型优化算法对风力机叶片的气动外形进行优化。风力机叶片的气动外形设计变量为沿叶片展向变化的截面弦长、相对厚度和当地扭角。在动量－叶素理论设计和优化风力机叶片气动外形过程中，通过迭代求解轴向诱导因子和切向诱导因子，而截面的弦长和当地扭角可以通过轴向诱导因子和切向诱导因子求得，最后，对优化得出的截面翼型的弦长和当地扭角进行线性修正。

根据第 3 章的研究结果，在阵风作用下，叶轮的扭矩曲线基本与风速轮廓曲线保持一致，扭矩随着风速增大而增大；在阵风的最大风速下，叶片捕风段截面翼型的吸力面未出现较大的流动分离现象，仅在尾缘位置出现了一定的回流；基于动量－叶素理论方法设计的风力机叶片未达到最佳的气动性能。因此，通过代理模型方法与 CFD 方法相结合，建立一套适合风力机叶片截面翼型扭角优化的方法。

根据式（2.25），叶片截面翼型的扭矩与来流速度、密度、弦长、展向位置和扭矩系数等参数有关。在来流工况不变的情况下，通过增大截面翼型的扭矩系数 C_{Torque}，截面翼型的扭矩可以有效地增大。扭矩系数可以通过升力系数、阻力系数、攻角和扭角等参数求得。因此，本小节以截面翼型的扭矩系数为优化目标，即响应，对截面翼型的当地扭角进行几何外形优化。在第 3 章中，研究了 WindPACT 风力机叶片的气动特性，该风力机为变桨距控制风力机。当来流风速大于额定风速时，通过变桨系统调节桨距角使叶片输出扭矩不变。因此，在建立的代理模型过程中，对额定风速下的 WindPACT 风力机叶片进行几何外形优化。

叶片截面翼型的扭角和攻角之和等于入流角，在入流角不变情况下，来流攻角随截面翼型扭角的变化而改变。在叶片扭角优化试验设计中，以当地扭角差值 $\Delta\theta_0$（原来当地扭角与优化后当地扭角之差）和展向位置 r/R 为设计因子，截面翼型的扭矩系数为输出响应。根据最优化拉丁超立方试验设计方法，两个变量共生成 88 个样本点。从展向位置 $r/R = 0.25$ 到叶尖为叶片主要捕风部分，而叶片根部起到承载作用。本小节中，仅仅对叶片的捕风部分进行扭角优化，即设计因子 r/R 在 0.25 到 1.00 之间。叶片展向从 $r/R = 0.07$ 到 $r/R = 0.25$，是叶根圆柱到翼型的过渡段。根据优化后得到的 $r/R = 0.25$ 处的当地扭角，本书中，对叶片过渡段的当地扭角进行线性插值。为了截面翼型的当地扭角沿展向光滑过渡，以多项式插值函数对优化的当地扭角进行了光顺处理。

$$\theta_0 = a_0 + a_1(r/R) + \cdots + a_n(r/R)^n \tag{4.34}$$

根据以上的介绍，本小节风力机当地扭矩角的优化过程中，是以当地扭矩系数 C_{Torque} 为优化目标，约束条件为 $-5 \leqslant \Delta\theta_0 \leqslant 5$ 和 $0.25 \leqslant r/R \leqslant 1$，该优化问题可

以用如下形式表示：

$$
\left.
\begin{array}{l}
\text{max. } C_{\text{torque}} \\
\text{s. t. } \quad -5 \leqslant \Delta\theta_0 \leqslant 5, 0.25 \leqslant r/R \leqslant 1
\end{array}
\right\}
\tag{4.35}
$$

图 4.8 给出了优化前后叶片截面翼型的当地扭角对比。从图 4.8 中可以看到，通过 Kriging 模型方法优化得到的截面翼型当地扭角均有所减小。在展向位置 $r/R = 0.85$ 处，翼型的当地扭角减小幅度最大，减小了 $4.90°$；而在展向位置 $r/R = 0.95$ 处，当地扭角减小值最小。根据动量 – 叶素理论，当入流角不变情况下，通过增大或减小当地扭角来改变翼型的攻角，使截面翼型在额定风速下获得最优的气动性能。因此，优化后截面翼型的攻角均相应的增大。表 4.3 给出了风力机叶片优化前后叶片扭矩，在额定风速下，优化后的风力机叶片扭矩提升了 3.45%。

表 4.3　优化叶片的扭矩

项　目	优化前	优化后
扭矩/N·m	274328.86	283785.68
提升百分比/%	—	3.45

本小节中，以截面翼型的扭矩系数为优化目标，通过 Kriging 模型对截面翼型的当地扭角进行了优化。图 4.9 显示了优化前后截面翼型的扭矩系数对比，优化后截面翼型的扭矩系数均有所增大，除了 $r/R = 0.15$ 处。叶片尖部和叶片根部的扭矩系数有较大的提升，特别是叶片根部。在 $r/R = 0.10$ 处，优化前扭矩系数约为 0.2584，优化后扭矩系数约为 0.5157，增加幅度为 99.57%。在叶片展向位置的中部，优化后的扭矩系数增加较小。在 $r/R = 0.55$ 处，优化前扭矩系数约为 0.3289，优化后扭矩系数约为 0.3323，增加幅度仅为 1.03%。

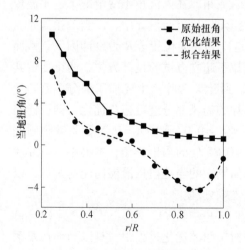 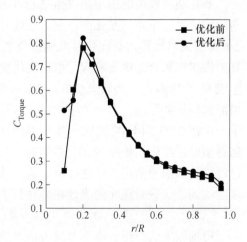

图 4.8　对比叶片的当地扭角　　　　图 4.9　优化叶片的扭矩系数分布

　　图4.10显示了沿叶片展向位置r/R = 0.3、0.5、0.7和0.9四个截面翼型的压力系数分布。优化后的截面翼型吸力面前缘的压力系数曲线明显上移，同时在压力面压力系数曲线下移。截面翼型压力系数对x轴的积分面积（无量纲压力降）均增大，从而截面翼型在流体中捕获了更多的动能。根据第3章的研究内容，在截面翼型吸力面前缘，流体为减压增速状态，截面翼型压力面存在较大的逆向压力梯度，流体在此时发生减速增压。

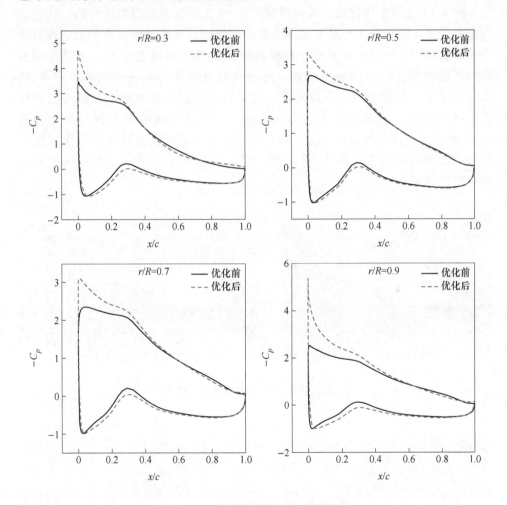

图4.10　优化叶片的压力系数分布

　　根据图4.8的优化结果，优化后截面翼型的当地扭角减小，而攻角增加，此时截面翼型获得了更多的动能。因此，基于动量–叶素理论方法设计的叶片，在三维旋转作用下，截面翼型并未达到最佳的攻角。通过对比优化前后的压力系数分布，截面翼型无量纲压力降的大小与扭矩系数相对应。在图4.10中，优化后截面翼型的无量纲压力降在 $r/R=0.3$ 和 0.9 处增加幅度较大，而在 $r/R=0.5$ 和 0.7 增加幅度较小。在图 4.9 中，对应展向位置扭矩系数的增加幅度随压力降的大小改变。在展向位置 $r/R=0.3$ 处，优化后截面翼型吸力面的尾缘压力系数趋于平缓。基于翼型边界层流动分离理论，在翼型周围的流体发生流动分离之后，吸力面附近的流体压力基本保持不变。因此，在截面翼型尾缘处已经发生流动分离现象。$r/R=0.5$、0.7 和 0.9 处均存在相同的现象。

　　图 4.11 显示了优化前后展向位置 $r/R=0.3$ 的压力云图和流线图。优化前后截面翼型入流角的大小基本保持不变，优化后截面翼型的攻角增大，在翼型吸力面前缘的压力进一步减小。根据曲壁面边界层的流动情况，在吸力面前缘为顺压梯度区，流体减压增速。这说明优化后流体的速度增大，图 4.10 也显示了吸力面前缘压力系数降低。优化后吸力面尾缘的流动分离点向前移动，流动分离区域增大；在流动分离区内，流动的速度基本保持恒定。图 4.12 显示了优化前后展向位置 $r/R=0.9$ 的压力云图和流线图，优化后截面翼型周围流场的改变与图 4.11 相同；前缘流体的压力进一步减小，流动分离点向前移动。

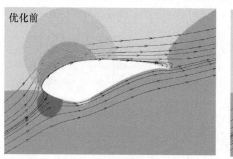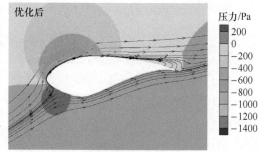

图 4.11　展向位置 $r/R=0.3$ 的压力云图和流线图

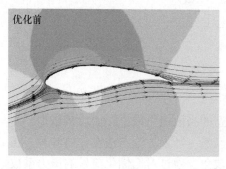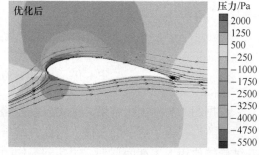

图 4.12　展向位置 $r/R=0.9$ 的压力云图和流线图

4.3 WindPACT 风力机叶片的预弯方法

随着风力机额定功率不断增大，风力机叶片的尺寸也随之增大[45]。现代大型风力机叶片制造材料均采用玻璃纤维，导致叶片刚度明显降低，促使其柔性进一步增大。为了避免风力机在运行过程中（特别在强风作用下）发生叶片弯曲变形与塔架碰撞，LM 公司[46]提出一种避免叶片尖部与塔架碰撞的策略，即叶片向迎风方向提前进行预先弯曲处理，可以有效增大叶尖与塔架之间的间隙。叶片的柔性预弯处理，可以降低局部应力载荷，减少生产叶片的材料，从而降低叶片的制造成本。

目前，国内外学者对风力机叶片的预弯技术方面研究较少。Bazilevs Y 等人[47]提出一种风力机叶片提前预弯的设计方法，采用静态应力分析方法来计算叶片在风载荷下的变形，然后根据叶片的几何变形，确定叶片向迎风方向弯曲的尺寸。郭婷婷等人[48]研究了不同的预弯尺寸对风力机性能的影响。研究结果表明，随着预弯尺寸的增大，风力机的输出功率非线性减小。荷兰 DOWEC 工程[49]设计的 6MW 近海岸风力机叶片应用了预弯技术，从叶根 17.9m 到叶尖 53.7m 进行了预弯处理。采用了线性插值方法以得到截面翼型的预弯距离，即叶尖的预弯距离为 2.07m。目前，预弯技术具有减少叶片材料和保持风力机机舱的紧凑性等优点，该技术已经在风力机叶片上应用，并将是未来的发展趋势，但是叶片预弯方法研究较少。本小节中，将叶片气动性能预测方法与 Kriging 代理模型相结合，提出了一种风力机叶片的预弯方法。基于该方法优化预弯得到的叶片，其输出功率得到略微的提升。

4.3.1 EGO 算法

Jones[50]在 Kriging 代理模型的基础上，提出了一种高效的全局优化方法（efficient global optimization，EGO）。该方法在选择校正点时，同时考虑了标准方差和最小均值，平衡了全局搜索和局部搜索。EGO 方法首先是采用 Kriging 代理模型构建设计变量与响应之间的映射关系，再以期望函数 EI 的最优解来选取下一个校正点。

定义 $f_{max} = \max[y_1(x), y_2(x), \cdots, y_n(x)]$ 为训练样本点中的最大响应值。$EI(x)$ 函数定义为：

$$EI(x) = \begin{cases} (f_{max} - f)\Phi\dfrac{f_{max} - \hat{y}(x)}{s} + s\Psi\dfrac{f_{max} - \hat{y}(x)}{s} & s > 0 \\ 0 & s = 0 \end{cases} \quad (4.36)$$

式中，$\hat{y}(x)$ 为预测点 x 的响应值；s 为预测点 x 的标准差；Φ 为标准正态分布函数；Ψ 为标准正态分布的概率密度函数。

EGO 算法的优化流程为：

（1）采用试验设计方法对训练样本点进行数据采集，并获得训练样本点的响应值；

（2）构建 Kriging 代理模型，求得模型的超参数 θ 和设计变量与响应的映射关系；

（3）求解期望函数的最大值，获得下一个采样点的位置；

（4）求解新样本点的响应值，并加入初始样本点集中，回到第（2）步，直到期望函数的最优解满足收敛条件，如图 4.13 所示。

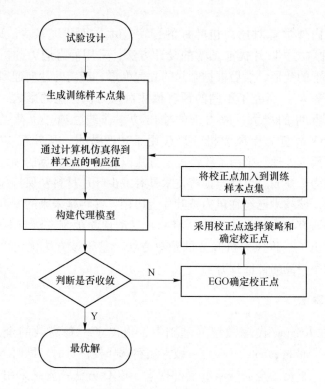

图 4.13　EGO 算法的优化流程

4.3.2　叶片预弯设计方法及优化结果

通过现有的预弯方法获得的预弯叶片，在一定程度上损失了叶片的输出功率[45]。因此，提出了一套适合风力机叶片预弯的方法，预弯后的叶片输出功率损失较小或者可以提升叶片的输出功率。风力机叶轮的输出功率为：

$$P = 2\pi \times \Omega_0 \times M_{\text{Torque}} \times B/60 \qquad (4.37)$$

式中，Ω_0 为叶轮转速，r/min；M_{Torque} 为叶片扭矩，N·m；B 为叶片数。

在运行工况不变的情况下，叶片的扭矩越大，相应的叶轮输出功率越大。因此，本小节以叶片的扭矩为优化目标，即响应。在叶片的预弯优化试验设计中，以预弯展向位置 r/R 和预弯位置 Δz 为设计因子，叶片的尺寸保持不变。在风力机叶片的预弯优化过程中，设计变量与目标函数之间是隐函数关系，并且是高度非线性。根据最优化拉丁超立方试验设计方法，共生成 20 个训练样本点。从叶片尖部到预弯展向位置，采用多项式插值方法得到截面翼型的预弯距离。

根据以上的介绍，本小节风力机叶片的预弯优化过程，是以叶片扭矩为优化目标，约束条件为 $1m \leqslant \Delta z \leqslant 2m$、$0.25 \leqslant r/R \leqslant 0.75$ 和 $R = 35m$，则优化问题可以用如下形式表示：

$$\left.\begin{array}{l} \text{max.} \quad M_{Torque} \\ \text{s. t.} \quad 1 \leqslant \Delta z \leqslant 2 \\ \qquad 0.25 \leqslant r/R \leqslant 0.75 \\ \qquad R = 35 \end{array}\right\} \tag{4.38}$$

优化后，叶片向迎风侧预弯约为 1.25m，叶片在 $r/R = 0.35$ 处开始向迎风方向进行弯曲，如图 4.14 所示。图 4.14 右侧为美国可再生能源实验室的 WindPACT 叶片，即优化前的叶片，左侧为预弯叶片，即优化后的叶片。由于预弯叶片向迎风方向弯曲，叶尖到旋转轴线的距离减小了约 0.03m。

叶轮扫掠面积为：

$$S_0 = \frac{\pi D^2}{4} \tag{4.39}$$

式中，D 为风力机直径。

风力机功率系数为：

$$C_{po} = \frac{P}{\frac{1}{2}\rho V_1^3 S_0} \tag{4.40}$$

式中，P 为风力机功率；ρ 为空气密度。

从表 4.4 可以看出，优化后叶轮的扭矩提升了约为 0.33%，即预弯叶片在发电能力

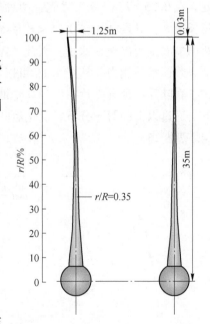

图 4.14 对比预弯叶片和原直叶片

方面略微高于直叶片的发电能力，同时预弯叶片的功率系数大于原直叶片的功率系数。因此，预弯叶片向迎风方向进行一定的弯曲，可以增大叶尖与塔架之间的间隙，确保的风力机在强风作用下避免叶片尖部与塔架碰撞，同时叶轮的扭矩得到增加。

表 4.4　对比叶轮的扭矩和功率系数

项　目	优化前	优化后	偏差/%
扭矩/N·m	822986.58	825705.21	0.33
扫风面积/m^2	3848.45	3840.94	-0.20
功率系数	0.4945	0.4971	0.53

　　图 4.15 给出了风力机叶片沿展向方向的扭矩系数，预弯叶片和原直叶片的扭矩系数和推力系数均呈现先上升后下降的趋势。在 $r/R = 0.2$ 处，两种叶片截面的当地扭矩系数为最大值。优化后叶片截面的当地扭矩系数在展向 $0.2 < r/R < 0.3$ 和 $r/R > 0.55$ 处均有一定的增大，当地扭矩的最大增幅处在 $r/R = 0.20$ 处，增幅比例为 7.10%。在叶片展向位置的中部，优化后的扭矩系数略有减小。

　　图 4.16 给出了风力机叶片沿展向方向的推力系数，在叶片展向 $r/R = 0.45$ 处。在 $0.25 < r/R < 0.5$ 之间，两种叶片的推力系数较大，同时这段叶片翼型的弦长最大，导致叶片在 $0.25 < r/R < 0.5$ 处承受较大的推向力，之前发生叶片折断的事故主要出现在此段。因此，需要加强风力机叶片在 $0.25 < r/R < 0.5$ 处的推力载荷承载能力。从图 4.16 可以看出，优化后叶片的推力系数有所增大。相比于直叶片，预弯叶片在尖部承受推向力更大一些，从而更容易发生向后弯曲变形。通过以上的对比分析，优化后叶片的气动性能略微提升，并且增大叶片尖部与塔架距离。

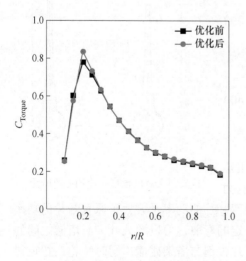

图 4.15　对比叶片的扭矩系数分布

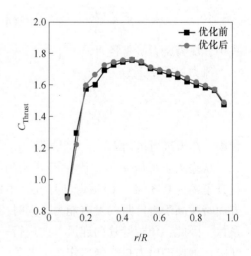

图 4.16　对比叶片的推力系数分布

4.4　NREL Phase Ⅵ风力机叶片几何外形优化

对于 Phase Ⅵ风力机叶片，该风力机采用翼型 S809 设计，风力机的直径为
10.058m，叶片的转速为 72.1rpm。假设风切变系数为零，叶片偏航角为零，更
多详细信息请参阅文献 [51]。优化过程中，来流风速为 10m/s，叶片俯仰角为
3°。空气密度为 1.246kg/m³，空气的黏度为 1.769×10^{-5} kg/(m·s)，空气湍流
强度为 3.2%。计算域使用结构化六面体网格，如图 4.17 所示，网格节点总数约
为 4.35×10^6。叶片的弦向和展向分别由 200 和 129 个节点构成网格。高质量的
网格直接关系到数值模拟结果的准确性和精度，叶片边界层及周围流场进行了网
格加密，边界层网格的增长比例为 1.1，如图 4.18 所示。

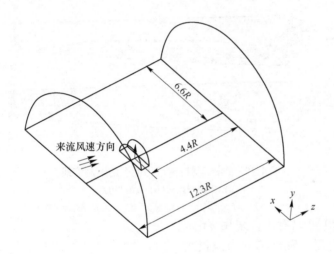

图 4.17　Phase Ⅵ风力机叶片的计算域

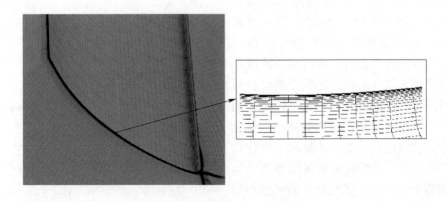

图 4.18　Phase Ⅵ风力机叶片的网格划分

从叶片展向位置的 0.3 到 1 之间，对 Phase VI 叶片的当地扭角进行了优化，该优化问题可以用以下形式表示：

$$\left.\begin{aligned} &\text{max.} \quad C_{\text{Torque}} \\ &\text{s. t.} \quad \Delta\theta_{0,\min} \leqslant \Delta\theta_0 \leqslant \Delta\theta_{0,\max} \\ &\qquad\ 0.3 \leqslant r/R \leqslant 1 \end{aligned}\right\} \tag{4.41}$$

图 4.19 显示了风速为 10m/s 时，原始叶片和优化叶片在吸力面上的极限流线。优化叶片的过渡段和叶尖处存在流动分离。由于过渡段的流动分离，吸力面的边界层受到明显影响，尤其是在 $r/R = 0.18 \sim 0.25$ 之间。对于优化叶片，流动分离点向叶片前缘移动，流体流向叶尖。因 Phase VI 叶片为小型风力机，叶片半径较小，叶根的流动分离严重影响整个叶片边界层的流动。

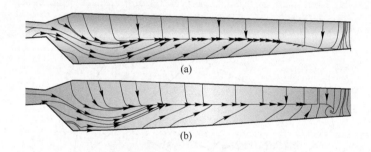

(a)

(b)

图 4.19　Phase VI 叶片吸力面上的限制流线

（a）原始叶片；（b）优化叶片

从图 4.20 可以看出，采用 Kriging 代理模型优化后，降低了的当地扭角。从 $r/R = 0.45 \sim 1$，当地扭角的减小值较大。在 $r/R = 0.51$ 时，当地扭角的减小值最大，为 2.7815°。根据动量－叶素理论，流入角等于当地扭角和攻角之和。当入流角不变时，通过增大或减小当地扭角来改变迎角，使截面翼型在额定风速下获得最佳气动性能。因此，当流入角恒定时，当地扭角的减小，优化叶片的攻角增大。表 4.5 显示了优化前后 Phase VI 叶片的扭矩和风力系数。当风速为 10m/s 时，优化叶片的风能利用系数提高了 4.83%。

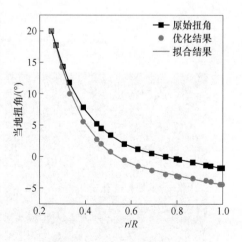

图 4.20　对比 Phase VI 叶片

优化前后当地扭角

表 4.5   Phase Ⅵ叶片扭矩和风能利用系数的比较

项 目	原始叶片	优化叶片
叶片扭矩/N·m	895.82	939.11
风能利用系数 C_{Po} /%	27.33	28.65
C_{Po} 增长比/%	—	4.83

图 4.21 和图 4.22 给出了优化叶片的推力系数和扭矩系数。从 $r/R = 0.35 \sim$ 0.95，优化叶片的推力系数明显增加。在 $r/R = 0.45$ 时，优化叶片推力系数增加了 14.07%，增加值最大。因推力的方向与风速流入的方向相同，当叶片推力增加时，优化叶片将承受更大的结构载荷。当风力机叶片从风能中获取动能时，空气动力可分为两部分：推力和扭矩。因此，推力系数和扭矩系数具有相同的变化趋势。当运行条件保持不变时，优化叶片的扭矩系数增加，尤其是在 $r/R = 0.25$ 时，风力机的输出功率增加。在 $r/R = 0.25 \sim 0.3$ 时，代理模型未优化当地扭角，但这部分叶片的扭矩系数也增加。这是因为不同展向位置之间存在一定的影响，流体有流向叶片尖端的趋势。

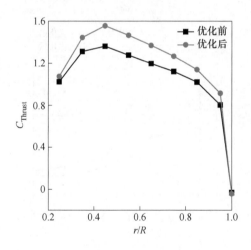

图 4.21   对比 Phase Ⅵ叶片推力系数   图 4.22   对比 Phase Ⅵ叶片扭矩系数

图 4.23 给出了 $r/R = 0.25$、0.55、0.75 和 0.95 四个截面翼型的压力系数分布。优化后的叶片吸力面压力系数向上移动，流体压力降低。根据动量理论，当流体的压力降低时，在截面翼型前缘流体的速度增加。叶片压力面上存在较大的逆压梯度，流体压力升高，流体速度降低。通过压力系数可以计算切向力系数和法向力系数。同时，通过当地扭角、切向力系数和法向力系数可以计算扭矩系数和推力系数。压力系数沿 x 轴的积分面积，即截面翼型吸力面和压力面之间的压

差。当压力系数的积分面积（x 轴）增加时，风力机叶片可以捕获更多的风能，由图 4.21 和图 4.22 可以得到相同的结果，优化叶片的扭矩系数和推力系数增加。根据图 4.20 中的优化结果，优化的当地扭角减小，攻角增大。此时，截面翼型可以获得更多的动能。因此，基于动量－叶素理论设计的叶片在三维旋转下的性能不是最优的。此外，二维翼型和三维叶片的试验结果存在明显偏差。

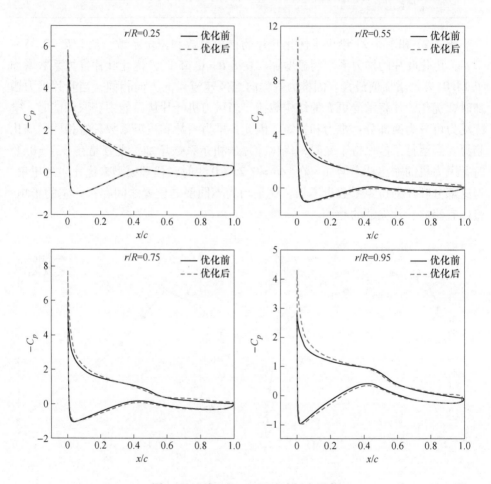

图 4.23　对比 Phase Ⅵ 叶片压力系数

图 4.24 给出了 $r/R = 0.3$ 和 0.9 时截面翼型的压力云图和流线，优化前后叶片的流入角不变。优化截面翼型的攻角增加，吸力面前缘的流体压力进一步降低。吸力面前缘存在负压梯度区，流体压力降低，流体速度增加。结果表明，优化后的叶片边界层速度进一步提高。图 4.23 也显示吸力面前缘的压力系数降低。如图 4.24 所示，当当地扭角减小时，流动分离范围没有进一步扩大，流动分离点向叶片前缘移动。

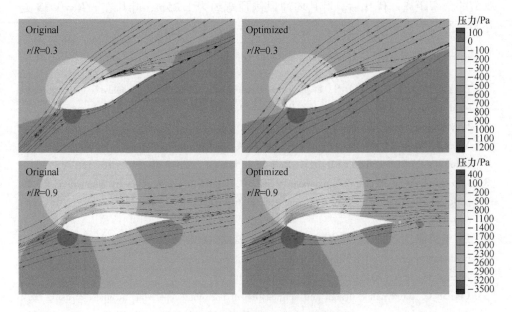

图 4.24 截面翼型的压力云图和流线

4.5 本 章 小 结

本章主要介绍了 Kriging 代理模型的构建过程,简单介绍了几种常用的试验设计方法,并确定了本章所采用的试验设计方法。根据已发表的研究成果,采用模式搜索算法与遗传算法相结合的混合算法来代替模式搜索算法,并采用三个测试函数对改进的 Kriging 代理模型进行了精度验证。研究结果表明,改进的 Kriging 代理模型可以有效地降低均方根误差。

将代理模型方法与 CFD 方法相结合,根据第 2 章给出的叶片流场数值模拟方法和第 3 章给出的流场网格划分方法,求解训练样本点对应的响应,并构建优化代理模型。对 WindPACT 叶片 Phase Ⅵ叶片进行了几何外形优化,并建立一套适合风力机叶片截面翼型扭角优化的方法。在优化过程中,以当地扭矩系数 C_{Torque} 为优化目标,当地扭角差值 $\Delta\theta$ 和展向位置 r/R 为设计因子。本书中,以多项式插值函数对优化后的当地扭角进行了光顺处理,优化得到的截面翼型当地扭角均减小,风力机叶片扭矩均获得了提升。

现有的预弯方法获得的预弯叶片,在一定程度上损失了叶片的输出功率。因此,提出了一套适合风力机叶片预弯的方法,预弯后可以提升叶片的输出功率。在叶片的预弯优化试验设计中,以预弯展向位置 r/R 和预弯位置 Δz 为设计因子,叶片尺寸保持不变。从叶片尖部到预弯展向位置,采用多项式插值方法得到截面翼型的预弯距离。优化后，叶片向迎风侧预弯约为 1. 25m，叶片在 $r/R = 0. 35$ 处开始向迎风方向进行了弯曲，风力机的扭矩提升了约为 0. 33%.

参 考 文 献

[1] Dai J C, Hu Y P, Liu D S, et al. Aerodynamic loads calculation and analysis for large scale wind turbine based on combining BEM modified theory with dynamic stall model [J]. Renewable Energy, 2011, 36 (3): 1095-1104.

[2] Yang H, Shen W, Xu H, et al. Prediction of the wind turbine performance by using BEM with airfoil data extracted from CFD [J]. Renewable Energy, 2014, 70 (5): 107-115.

[3] Guo Q, Zhou L, Wang Z. Comparison of BEM-CFD and full rotor geometry simulations for the performance and flow field of a marine current turbine [J]. Renewable Energy, 2015, 75: 640-648.

[4] Lin J, Sun J, Liu L, et al. Refined representation of turbines using a 3D SWE model for predicting distributions of velocity deficit and tidal energy density [J]. International Journal of Energy Research, 2015, 39 (13): 1828-1842.

[5] Ceyhan O. Aerodynamic design and optimization of horizontal axis wind turbines by using BEM theory and genetic algorithm [D]. Aerospace Engineering Department, METU. Ankara, 2008.

[6] R-Å. Krogstad, Lund J A. An experimental and numerical study of the performance of a model turbine [J]. Wind Energy, 2012, 15 (3): 443-457.

[7] Sedaghat A, Mirhosseini M. Aerodynamic design of a 300 kW horizontal axis wind turbine for province of Semnan [J]. Energy Conversion & Management, 2012, 63 (6): 87-94.

[8] Xie W, Zeng P, Lei L. Wind tunnel testing and improved blade element momentum method for umbrella-type rotor of horizontal axis wind turbine [J]. Energy, 2017, 119: 334-350.

[9] Ashrafi Z N, Ghaderi M, Sedaghat A. Parametric study on off-design aerodynamic performance of a horizontal axis wind turbine blade and proposed pitch control [J]. Energy Conversion and Management, 2015, 93: 349-356.

[10] Shen X, Yang H, Chen J, et al. Aerodynamic shape optimization of non-straight small wind turbine blades [J]. Energy Conversion and Management, 2016, 119: 266-278.

[11] Pourrajabian A, Afshar P A N, Ahmadizadeh M, et al. Aero-structural design and optimization of a small wind turbine blade [J]. Renewable Energy, 2016, 87: 837-848.

[12] Tahani M, Kavari G, Masdari M, et al. Aerodynamic design of horizontal axis wind turbine with innovative local linearization of chord and twist distributions [J]. Energy, 2017, 131: 78-91.

[13] Richards P W, Griffith D T, Hodges D H. Aeroelastic design of large wind turbine blades considering damage tolerance [J]. Wind Energy, 2017, 20 (1): 159-170.

[14] Campobasso M S, Minisci E, Caboni M. Aerodynamic design optimization of wind turbine rotors under geometric uncertainty [J]. Wind Energy, 2016, 19 (1): 51-65.

[15] Pavese C, Kim T, Murcia J P. Design of a wind turbine swept blade through extensive load analysis [J]. Renewable Energy, 2017, 102: 21-34.

[16] Singh R K, Ahmed M R. Blade design and performance testing of a small wind turbine rotor for low wind speed applications [J]. Renewable Energy, 2013, 50: 812-819.

[17] Barnes R H, Morozov E V, Shankar K. Improved methodology for design of low wind speed specific wind turbine blades [J]. Composite Structures, 2015, 119: 677-684.

[18] Fischer G R, Kipouros T, Savill A M. Multi-objective optimisation of horizontal axis wind turbine structure and energy production using aerofoil and blade properties as design variables [J]. Renewable Energy, 2014, 62 (62): 506-515.

[19] Wang L, Wang T, Wu J, et al. Multi-objective differential evolution optimization based on uniform decomposition for wind turbine blade design [J]. Energy, 2017, 120: 346-361.

[20] Ferdoues M S, Ebrahimi S, Vijayaraghavan K. Multi-objective optimization of the design and operating point of a new external axis wind turbine [J]. Energy, 2017, 125: 643-653.

[21] Pavese C, Tibaldi C, Zahle F, et al. Aeroelastic multidisciplinary design optimization of a swept wind turbine blade [J]. Wind Energy, 2017, 20 (12): 1941-1953.

[22] Crosbie R S, Peeters L J M, Herron N, et al. Estimating groundwater recharge and its associated uncertainty: Use of regression kriging and the chloride mass balance method [J]. Journal of Hydrology, 2018, 561: 1063-1080.

[23] Xu P, Wang D, Singh V P, et al. A kriging and entropy-based approach to raingauge network design [J]. Environmental research, 2018, 161: 61-75.

[24] Xu Y, Smith S E, Grunwald S, et al. Estimating soil total nitrogen in smallholder farm settings using remote sensing spectral indices and regression kriging [J]. Catena, 2018, 163: 111-122.

[25] Weinmeister J, Xie N, Gao X, et al. Analysis of a Polynomial Chaos-Kriging Metamodel for Uncertainty Quantification in Aerospace Applications [C]. 2018 AIAA/ASCE/AHS/ASC Structures, Structural Dynamics, and Materials Conference, 2018: 0911.

[26] Murcia J P, Réthoré P E, Dimitrov N, et al. Uncertainty propagation through an aeroelastic wind turbine model using polynomial surrogates [J]. Renewable Energy, 2018, 119: 910-922.

[27] Ribeiro A F P, Awruch A M, Gomes H M. An airfoil optimization technique for wind turbines [J]. Applied Mathematical Modelling, 2012, 36 (10): 4898-4907.

[28] Jouhaud J C, Sagaut P, Montagnac M, et al. A surrogate-model based multidisciplinary shape optimization method with application to a 2D subsonic airfoil [J]. Computers & Fluids, 2007, 36 (3): 520-529.

[29] Yamazaki W, Rumpfkeil M, Mavriplis D. Design optimization utilizing Gradient/Hessian enhanced surrogate model [C]. 28th AIAA Applied Aerodynamics Conference, 2010: 4363.

[30] Han Z, Zhang K, Song W, et al. Surrogate-based aerodynamic shape optimization with application to wind turbine airfoils [C]. 51st AIAA aerospace sciences meeting including the new horizons forum and aerospace exposition, 2013: 1108.

[31] Carrasco A D V, Valles-Rosales D J, Mendez L C, et al. A site-specific design of a fixed-pitch fixed-speed wind turbine blade for energy optimization using surrogate models [J]. Renewable

Energy, 2016, 88: 112-119.

[32] Sessarego M, Ramos-García N, Yang H, et al. Aerodynamic wind-turbine rotor design using surrogate modeling and three-dimensional viscous-inviscid interaction technique [J]. Renewable Energy, 2016, 93: 620-635.

[33] Zhang B, Song B, Mao Z, et al. A novel wake energy reuse method to optimize the layout for Savonius-type vertical axis wind turbines [J]. Energy, 2017, 121: 341-355.

[34] Fang K T, Lin D K J, Winker P, et al. Uniform design: Theory and application [J]. Technometrics, 2000, 42 (3): 237-248.

[35] Fang K T, Ma C X, Winker P. Centered L_2-discrepancy of random sampling and Latin hypercube design, and construction of uniform designs [J]. Mathematics of Computation, 2002, 71 (237): 275-296.

[36] McKay M D, Beckman R J, Conover W J. A comparison of three methods for selecting values of input variables in the analysis of output from a computer code [J]. Technometrics, 2000, 42 (1): 55-61.

[37] Sasena M J. Flexibility and efficiency enhancements for constrained global design optimization with kriging approximations [D]. Detroit: University of Michigan, 2002.

[38] Forrester A I J, Keane A J. Recent advances in surrogate-based optimization [J]. Progress in Aerospace Sciences, 2009, 45 (1): 50-79.

[39] Lophaven S N, Nielsen H B, Sondergaard J. DACE: A Matlab Kriging Toolbox. 2002 [R]. Copenhagen: Technical University of Denmark, 2002.

[40] Martin J D. Computational improvements to estimating kriging metamodel parameters [J]. Journal of Mechanical Design, 2009, 131 (8): 084501.

[41] 王红涛. 汽轮机低压排汽系统内部流动及其气动优化设计研究 [D]. 上海: 上海交通大学, 2011.

[42] Ata A A, Myo T R. Optimal point-to-point trajectory tracking of redundant manipulators using generalized pattern search [J]. International Journal of Advanced Robotics Systems, 2005, 2 (3): 239-244.

[43] Costa L, Santo I A C P E, Fernandes E M G P. A hybrid genetic pattern search augmented Lagrangian method for constrained global optimization [J]. Applied Mathematics and Computation, 2012, 218 (18): 9415-9426.

[44] Zhang Y, Wang S, Ji G, et al. Genetic pattern search and its application to brain image classification [J]. Mathematical Problems in Engineering, 2013.

[45] Peeringa J, Brood R, Ceyhan O, et al. UpWind 20MW Wind Turbine Pre-Design [R]. Petten: Energy Research Center of the Netherlands, 2011.

[46] 包飞. 风力机叶片几何设计与空气动力学仿真 [D]. 大连: 大连理工大学, 2008.

[47] Bazilevs Y, Hsu M C, Kiendl J, Benson D J. A computational procedure for prebending of wind turbine blades [J]. International Journal for Numerical Methods in Engineering, 2012, 89 (3): 323-336.

[48] 郭婷婷, 吴殿文, 张强, 等. 风力机叶片预弯技术的数值模拟 [J]. 太阳能学报,

2011, 32 (7): 1020-1025.

[49] Kooijman H J T, Lindenburg C, Winkelaar D, et al. DOWEC 6 MW pre-design [R]. Petten: Energy Research Center of the Netherlands, 2003.

[50] Jones D R, Schonlau M, Welch W J. Efficient global optimization of expensive black-box functions [J]. Journal of Global Optimization, 1998, 13 (4): 455-492.

[51] Sørensen N N, Michelsen J A, Schreck S. Navier-Stokes predictions of the NREL Phase VI rotor in the NASA Ames 80ft × 120ft wind tunnel [J]. Wind Energy, 2002, 5 (2/3): 151-169.

5   涡流发生器对风力机边界层的
流动分离控制

现代大型风力机需要避免出现失速现象，风力机的控制技术分为被动控制技术和主动控制技术，其中，主动控制技术包括风力机控制和流动控制。涡流发生器是一种被动的流动控制技术，广泛应用于翼型的流动分离控制。同时，涡流发生器也应用于飞机机翼[1]、强化传热[2-4]等领域。涡流发生器的应用在风力发电领域研究广泛，Velte 和 Hansen[5-7]基于立体粒子成像测速技术，研究了涡流发生器对风力机专用翼型 DU 91-W2-250 失速流动的影响。研究表明，涡流发生器生成的涡系在向下游流动过程中不断扩散，同时可以降低边界厚度和推迟流动分离。张磊等人[8]同样研究了涡流发生器对风力机专用翼型 DU 91-W2-250 气动性能的影响，指出大攻角的来流下，涡流发生器可以有效地推迟流动分离。Zhao等人[9]采用 SST k-ω 湍流模型和 γ-Re$_\theta$ 转捩模型并研究了转捩对翼型 DU 91-W2-250 升阻系数的影响。研究结果表明，基于转捩模型获得的数值结果更接近风洞试验结果。Sørensen 等人[10]通过数值模拟方法研究了涡流发生器对翼型 FFA-W3-301 和 FFA-W3-360 性能的影响，对涡流发生器的弦向位置进行了分析，并与试验结果进行了对比。

Gao 等人[11]研究了涡流发生器的几何参数对钝尾翼翼型 DU97-W-300 气动特性的作用，分析了涡流发生器的高度、长度和两对涡流发生器的相邻距离。结果表明，涡流发生器可以提升翼型的最大升力系数和失速攻角；涡流发生器高度的增加，升力系数也进一步增加，但相应地也增大了阻力系数。李新凯等人[12]采用数值模拟方法，研究了矩形、梯形和三角形涡流发生器（三者高度相等）对专用翼型 DU97-W-300 气动性能的影响，详细地分析了旋涡强度、边界层内的流体动能和边界层厚度等重要边界层流体参数，指出三种形状的涡流发生器均可以提升翼型的升力系数，但加装矩形涡流发生器的翼型阻力系数略大。Hansen 等人[13]提出一种空气动力型涡流发生器，采用风洞试验对该涡流发生器进行了定量分析，研究表明，与传统涡流发生器相比，该涡流发生器可以更大地增大翼型的升阻比。

为了提高风力机的气动性能，一些学者将涡流发生器应用到风力机叶片上。Sullivan[14]将涡流发生器布置在 Mod-2 风力机叶片展向 20% 到 70% 之间，风力机的额定风速降低了 2.2m/s 和风力机年输出功率增加了 11%。Øye[15]通过加装涡流发生器，使失速型风力机的功率增加了约 24%. Mueller-Vahl 等人[16]采用风洞试验研究和优化了涡流发生器对翼型气动特性的影响，并基于动量－叶素理论计算加装涡流发生器叶片的气动性能。

当翼型出现失速现象后，翼型的气动特性将极大地降低，而现有的风力机要避免失速现象的发生。本书采用数值模拟方法研究了涡流发生器对翼型 S809 气动特性的影响，从流体动能传递方向和涡系运动轨迹的角度，揭示了涡流发生器对翼型边界层分离控制的机理，对翼型升力系数、阻力系数、x 方向速度和涡量等流动参数定量分析，并考虑涡流发生器的弦向位置因素。在涡流发生器的研究基础上，进一步研究了双排顺列的涡流发生器布置方式对翼型 S809 气动特性的影响，并对其控制翼型边界层的机理进行了定性和定量分析。最后，将涡流发生器应用到失速型风力机上，并提出了一种涡流发生器布置方法，在一定风速范围内，叶轮的输出扭矩保持不变。

5.1 数 值 方 法

5.1.1 涡流发生器几何模型

数值试验中采用翼型 S809[17]，该翼型是美国可再生能源实验室（NREL）研制的风力机叶片专用翼型。在 NREL 进行的风力机非定常特性试验中，应用的风力机叶片均采用翼型 S809。科罗拉多州立大学、俄亥俄州立大学和代尔夫特理工大学等科研机构对翼型 S809 进行了二元风洞试验，但是这些试验之间的结果存在一定的差距[18]。本书以翼型 S809 为基础模型，其最大相对厚度为 21%，弦长为 1m，展向长度为 0.18m。

现有的涡流发生器布置方式主要有两种：同向旋转布置和反向旋转布置。在本章中，采用反向旋转布置的矩形涡流发生器，同时将三对涡流发生器布置在翼型吸力面的前缘，如图 5.1 所示。涡流发生器与来流成一定角度，使流体流经涡流发生器时发生旋转。涡流发生器的高度为翼型弦长的百分之一，而其他的相关参数如表 5.1 所示。

表 5.1 涡流发生器主要参数

算例	$x/c/\%$	H_{VG}/m	L_{VG}/m	S_{VG}/m	Z_{VG}/m	$\beta/(\degree)$
VGs_1	10	0.01	0.02	0.03	0.06	18
VGs_2	20	0.01	0.02	0.03	0.06	18
VGs_3	30	0.01	0.02	0.03	0.06	18
VGs_4	40	0.01	0.02	0.03	0.06	18
VGs_5	10and20	0.01	0.02	0.03	0.06	18
VGs_6	10and40	0.01	0.02	0.03	0.06	18

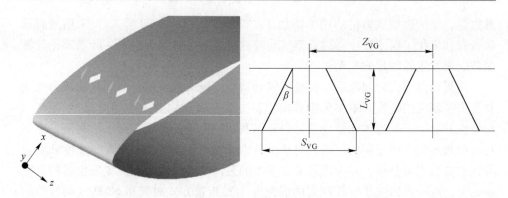

图 5.1　涡流发生器几何模型

5.1.2　计算网格及边界层

　　整个计算区域采用 C-H 型，计算区域外围边界选择 12.5 倍的翼型弦长，均采用结构化网格划分。对于光滑的翼型，整个计算域的网格节点数约为 1.63×10^6 个；而对于加装涡流发生器的翼型，整个计算域的网格节点数约为 2.34×10^6 个。为了得到准确的翼型绕流流场，翼型壁面及周围区域需要进行加密处理。翼型的压力面和吸力面网格节点数均为 250 个，翼型的前缘和尾缘需要进一步加密。翼型壁面第一层网格的高度为 1.0×10^{-4} m，整个边界层的网格厚度为 0.03m，网格高度比例为 1.1，确保翼型表面的 $y+$ 值均小于 5，如图 5.2 所示。

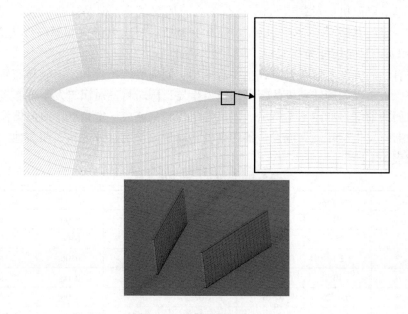

图 5.2　翼型周围网格分布

翼型表面被看作刚性的、光滑的壁面，包括涡流发生器。入口和出口边界条件分别被定义为速度入口和压力出口，沿着展向方向（z 轴方向）为周期性边界层。控制方程采用有限体积法进行离散，速度方程与压力方程的耦合计算应用 SIMPLEC 方法，扩散项采用中心差分，对流项采用二次迎风格式，数值模拟的残差因子均为 1×10^{-6}，采用两方程 SST k-ω 湍流模型。数值试验的雷诺数为 1.0×10^{6}，此时马赫数均小于 0.3，视整个流场为不可压缩流动。计算网格的密度和时间步长影响数值计算的结果。对翼型 S809 在不同网格数量和不同时间步长进行了数值模拟，攻角（AOA）均为 12°，对翼型的升力系数（C_1）进行了定量分析。当网格数量大于 1.63×10^{6} 个时，升力系数基本保持不变（稳态计算）。因此，本书的光滑翼型的网格数定为 1.63×10^{6} 个，如图 5.3 所示。对于加装涡流发生器的翼型，在此基础上，加装涡流发生器的区域需要进行加密处理。当时间步长小于 0.005s 时，翼型的升力系数变化不大。因此，时间步长选为 0.005s，如图 5.4 所示。

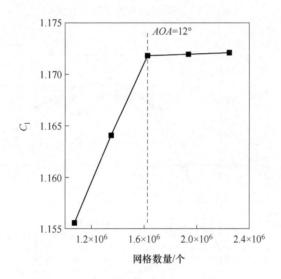

图 5.3　不同网格数下升力系数

5.1.3　翼型 S809 数值结果与试验对比

为了确保数值方法的准确性，采用 CFD 方法数值计算翼型 S809 的气动特性，并将数值结果与俄亥俄州立大学和代尔夫特理工大学的试验结果[18]和其他学者的数值模拟结果[19]进行了对比。数值模拟与风洞试验的升力系数、阻力系数（C_{dp}）分别如图 5.5、图 5.6 所示。

从图 5.5 中可以看到，数值模拟得到的翼型的气动力系数基本与风洞试验结

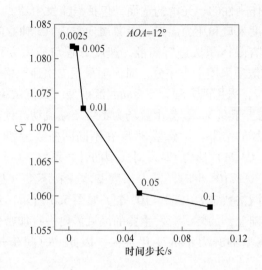

图 5.4   不同时间步长下升力系数

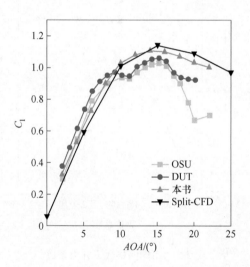

图 5.5   对比数值模拟与风洞试验的升力系数

果保持相同的曲线趋势。但是,在大攻角下,翼型的升力系数和阻力系数与试验结果存在较大偏差,而且两个风洞试验的结果也存在较大偏差。在大攻角下,翼型的吸力面发生大的失速分离现象。由于涡的形成、脱落等过程影响了翼型气动力系数,风洞试验和数值模拟结果存在一定的偏差。当攻角小于18°时,数值模拟方法得到的阻力系数基本与俄亥俄州立大学风洞试验结果保持一致。因此,基于以上的数值计算方法,可以得到一个相对准确的数值试验结果。

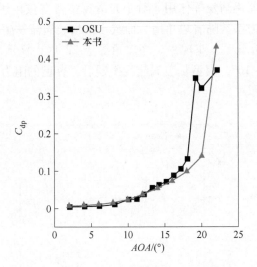

图 5.6 对比数值模拟与风洞试验的阻力系数

5.2 涡流发生器对翼型 S809 边界层的控制机理

本小节雷诺数的取值为 1.0×10^6，对比了光滑翼型（clean）和加装涡流发生器翼型（VGs_1）的气动特性，涡流发生器的加装位置在 $x/c = 0.1$ 处。

从图 5.7 中可以看到，通过对翼型加装涡流发生器后，翼型的升力系数得到增大。在攻角较小时，涡流发生器对翼型的升力系数影响并不明显；但随着攻角

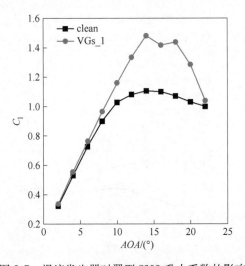

图 5.7 涡流发生器对翼型 S809 升力系数的影响

的增大，涡流发生器逐渐发挥作用。对于光滑翼型，在攻角达到 14°之后，失速现象开始发生，升力系数随着攻角增大而减小。加装涡流发生器后，翼型在攻角达到 18°之后才开始出现失速现象。当攻角等于 22°时，涡流发生器作用已经消失。当攻角在 10°~16°，翼型加装涡流发生器后，翼型的阻力系数得到了一定的减小，如图 5.8 所示。

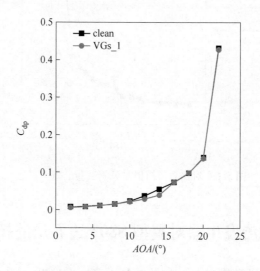

图 5.8　涡流发生器对翼型 S809 阻力系数的影响

图 5.9 给出了攻角为 14°，涡流发生器对翼型压力系数分布的影响（$z =$ 0.09m）。在涡流发生器作用下，翼型吸力面的压力分布明显上移，同时压力面

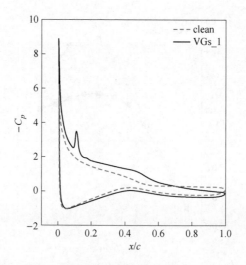

图 5.9　涡流发生器对翼型压力系数的影响（$AOA = 14°$）

压力系数下移，导致整个翼型压力系数对 x 轴的积分面积（压力降）增大，从而翼型从流体中得到更多的动能。涡流发生器加装在吸力面 $x/c = 0.1$ 处，在涡流发生器尾缘处流体卷起脱体涡，从而在翼型吸力面 $x/c = 0.1$ 附近压力系数形成一个峰值，而且增大压力系数的最大值。在翼型尾缘处，光滑翼型吸力面压力系数为平缓的曲线，依据翼型边界层流动分离现象，在发生流动分离之后，翼型吸力面附近的流体压力基本保持不变。因此，在翼型尾缘处，流动分离现象已经发生。在加装涡流发生器后，翼型尾缘压力系数曲线整体下移，并且逐渐缩窄。当攻角为 18°时，涡流发生器可以进一步增大压力系数对 x 轴的积分面积和最大压力系数值，如图 5.10 所示。在弦向位置 $x/c = 0.5$ 之后，加装涡流发生器后，翼型压力系数曲线区域平缓，此时涡流发生器的影响已消失。

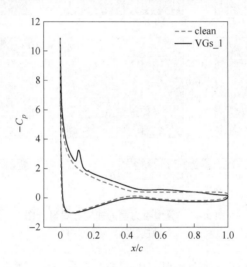

图 5.10　涡流发生器对翼型压力系数的影响（$AOA = 18°$）

　　为了更好地解释涡流发生器对翼型 S809 边界层的控制机理，图 5.11 对比了攻角等于 14°时，光滑翼型和加装涡流发生器翼型吸力面附近的流体流动特性变化。对于光滑翼型，吸力面边界层的流体有向上移动的趋势，在下游的 $x/c = 0.2$ 和 0.4 位置，翼型边界层的流动暂未发生分离现象。从图 5.11 可以清楚地观测到，涡流发生器可以有效地控制翼型边界层的流动分离。在 $x/c = 0.4$ 处，由于涡流发生器的影响，在边界层附近的流体矢量方向向下，流体有向边界壁面流动的趋势。在 $x/c = 0.8$ 处，这种现象更加明显。

　　翼型边界层的流动分离的原因是：由于翼型表面黏性摩擦力的作用，边界层流体的动能和吸力面与压力面之间逆压梯度逐渐减少。由于加装涡流发生器，翼型吸力面附近卷起了对称的脱体涡系，并随着流体向下游发展。涡流发生器产生纵向涡系和更多的湍流扰动了翼型吸力面的边界层。脱体涡系的存在，改变了边

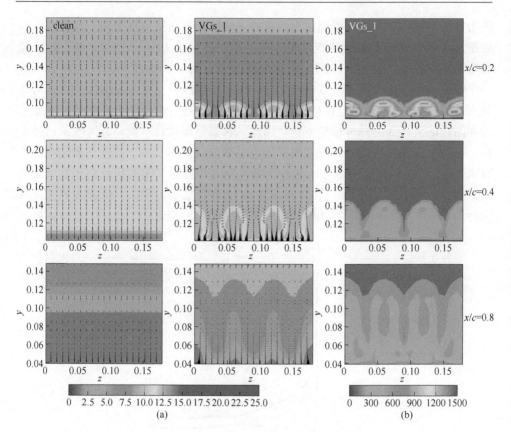

图 5.11 翼型吸力面的速度和涡量云图

(a) 速度；(b) 涡量云图

界层的流动状态，因而流体向边界层内流动。在外流区，流体的速度远大于边界层内流体的速度，从而，高动能的流体被脱体涡卷入到边界层内，增加了翼型边界层内的流体动能，减小了边界层厚度，使其抵抗黏性阻力，并保持原有的流动方向。在 $x/c=0.8$ 处，边界层未出现流动分离现象，边界层的厚度变薄。脱体涡系在随流体向下游流动过程中，逐渐融合到翼型边界层中，直到浸没到整个边界层。Velte 等人[5-7]得到了相同的结果。从图 5.12 中可以清楚地看到，流体流经涡流发生器后，流体开始旋转并向下游传播。

图 5.13 显示了 x 方向速度在 y 方向流体的速度梯度和翼型壁面附近流线。对于光滑翼型，攻角为 14°时，在翼型吸力面的尾缘处，已经发生了流动分离。根据翼型边界层流动理论，黏性摩擦力和逆压梯度是流动分离的两个必要条件。在翼型吸力面分离点前段流体的速度梯度大于 0，外流区的流体不断流入到边界层内，增加了边界层内流体的动能，同时也补充黏性摩擦力消耗的流体动能。此时流体有足够的动能沿着翼型吸力面向下游流动，边界层也不会出现流动分离现

图 5.12 涡流发生器附近的流线

象。当流体继续向下游流动过程中，翼型吸力面壁面下降，边界层的外流区势流通道扩宽，导致流体的流速逐渐下降。当吸力面某个位置上流体的速度梯度等于 0，此处称为翼型边界层的分离点，边界层内流体已经不能继续向下游流动。在分离点之后，由于黏性摩擦力和逆压梯度双重作用下，被滞止的流体质点逐渐积累，从而排挤上游流经的流体，使其与翼型表面分离。因此，在逆压梯度和黏性摩擦力的双重作用下，流体开始发生分离，并在翼型尾缘处，开始出现回流现象。通过分离点处的放大图可以清楚地看到，流体的速度梯度从正值快速下降到负值，此时边界层流体已经发生流动分离。

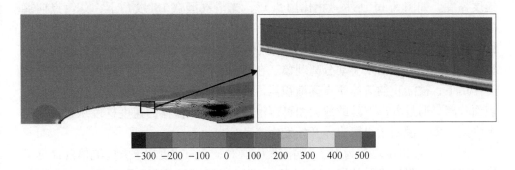

$-300 \quad -200 \quad -100 \quad 0 \quad 100 \quad 200 \quad 300 \quad 400 \quad 500$

图 5.13 光滑翼型吸力面的 x 方向速度在 y 轴的梯度（$AOA = 14°$）

在翼型吸力面前缘加装涡流发生器可以改变翼型边界层的流动。图 5.14 给出了攻角为 $14°$，x 方向速度在 y 方向流体的速度梯度和翼型壁面附近流线。由于涡流发生器的作用，翼型吸力面尾缘处未出现回流现象。张磊等人[8]得到相同的结果，并指出涡流发生器可以抑制翼型边界层的流动分离。在加装涡流发生器的翼型吸力面流体的速度梯度基本大于0，除了在翼型尾缘尖端部分。对于光滑翼型，在翼型吸力面壁面尾缘处，壁面已经发生流动分离现象，而且壁面附近流体的速度梯度小于0。对于相同位置，加装涡流发生器后，流体保持流动方向，边界层内流体的速度梯度大于0。说明外流区的流体不断地补充边界层内摩擦力消耗的动能，壁面附近流体的质点未被滞止。在吸力面与压力面相交处，即翼型尾缘末端，在压力面侧流体的作用下，吸力面流体的速度梯度迅速降低，边界层流体的速度梯度小于0。因此，加装涡流发生器可以有效地控制边界层流动分离，并改变翼型周围流体的流动特性。

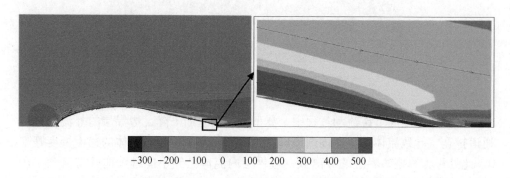

$$-300\quad-200\quad-100\quad0\quad100\quad200\quad300\quad400\quad500$$

图5.14　加装涡流发生器翼型吸力面的 x 方向速度在 y 轴的梯度（$AOA=14°$）

　　对于光滑翼型，在攻角18°时，翼型吸力面发生了流动分离，分离点大约在弦向位置 $x/c=0.43$ 处，吸力面尾缘形成了较大的回流区。当流体流过翼型表面时，翼型表面上的质点速度为0，而在吸力面前缘的 y 方向上流体存在着较大的速度梯度，如图5.15所示。相比图5.13，光滑翼型在18°攻角下，分离点向翼型前缘移动，并且形成更大的回流区域。根据翼型边界层流动理论，在翼型吸力面分离点前段流体的速度梯度大于0，流体有足够的动能沿着翼型吸力面向下游流动，边界层不会出现流动分离现象。在分离点之后，由于黏性摩擦力和逆压梯度作用下，被滞止的流体质点逐渐积累，从而排挤上游流经的流体，使其与翼型表面分离。通过分离点处的放大图可以清楚地看出，流体的速度梯度从正值快速下降到负值，说明边界层流体开始发生流动分离。

　　图5.16给出了攻角为18°，涡流发生器对 x 方向速度在 y 方向流体的速度梯度和翼型壁面附近流线的影响。从图5.16可以清楚地看到，翼型吸力面前缘加装涡流发生器，推迟了吸力面流动分离现象的发生，流动分离点约为弦向位置 $x/c=0.5$ 处。在攻角为18°时，光滑翼型的尾迹形成了较大的回流区，而加装涡流发生器后，尾迹的回流区变小，并形成了两个漩涡。通过分离点处的放大图可以清楚地看出，主流流体在回流流体的作用下，一部分流体被分离到外流区，而另一部分流体被回流流体冲击，在分离点附近滞止。因此，对于大攻角来流，涡流

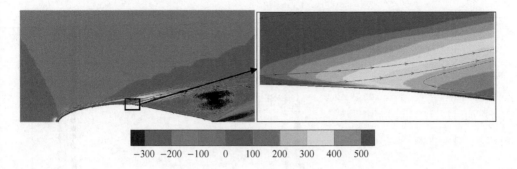

图 5.15　光滑翼型吸力面的 x 方向速度在 y 轴的梯度（$AOA = 18°$）

发生器可以在一定程度抑制边界层的流动分离，并且分离点向翼型尾缘移动，但在翼型吸力面的仍然会发生流动分离现象。

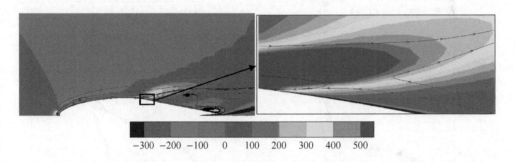

图 5.16　加装涡流发生器翼型吸力面的 x 方向速度在 y 轴的梯度（$AOA = 18°$）

　　图 5.17 和图 5.18 显示了涡流发生器对翼型边界层附近流体 x 方向速度的影响，并给出不同弦向位置的 x 方向速度（u 为流体在 x 方向的速度，v 为流体速度）。根据翼型边界层流动理论，翼型吸力面的流动分离现象与当地流体的速度大小和方向以及逆压力梯度有关。在翼型吸力面边界层内，流体的速度增大，则动能增大，从而边界层流体更有抵抗流动分离的能力。当翼型边界层内的 x 方向速度为正时，流体吸附在翼型表面；当翼型边界层内的 x 方向速度为负时，翼型的吸力面发生流动分离现象，流体出现了回流现象。

　　图 5.17 中，攻角为 14°，在 $x/c = 0.2$ 和 0.4 处，光滑翼型边界层未出现流动分离现象。但是在涡流发生器作用下，翼型边界层的厚度变薄，在图 5.11 可以得到相同的结果。在 $x/c = 0.6$ 和 0.8 处，光滑翼型边界层内流体的出现回流现象，然后随着主流向下游流动。涡流发生器卷入高动能的流体进入边界层，抵抗了流动分离现象的出现，使翼型边界层保持顺流的流动趋势。以上分析进一步解释了涡流发生器在翼型边界层作用的机理，脱体涡系旋转将外流区高动能的流

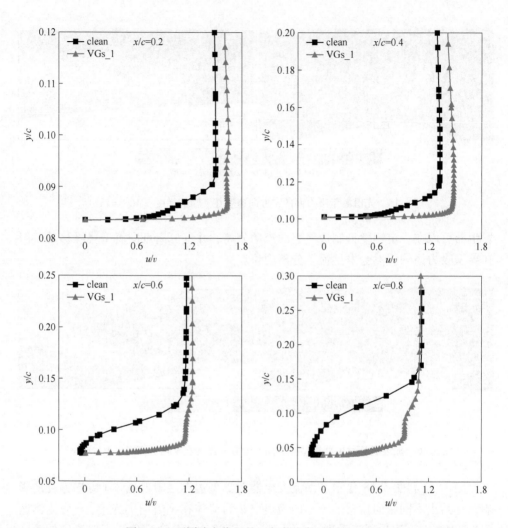

图 5.17　不同弦向位置的 x 方向速度（$AOA = 14°$）

体卷入到边界层内，进行动能的交换，从而提高边界层内的流体动能。

　　图 5.18 中给出了攻角等于 18°时，涡流发生器对翼型吸力面 x 方向速度的影响。在翼型的弦向位置 $x/c = 0.2$ 和 0.4 处，翼型加装涡流发生器后，边界层内流体的动能增加，使其厚度变薄。对于光滑翼型，在 $x/c = 0.4$ 处，在边界层黏性摩擦力作用下，流体的动能被消耗，流体的 x 方向速度也被减小，此时流体已有流动分离的趋势。在 $x/c = 0.6$ 和 0.8 处，涡流发生器的作用已经消失。此时边界层内的动能被黏性摩擦力消耗殆尽，从而产生了回流现象。

　　总之，当流体流经涡流发生器产生高强度的漩涡，该涡系在随流体向下游流动过程中，使边界层与外流区之间进行动能交换，增加了边界层的流体动能，推迟了翼型吸力面的流动分离，从而提升翼型的气动特性。

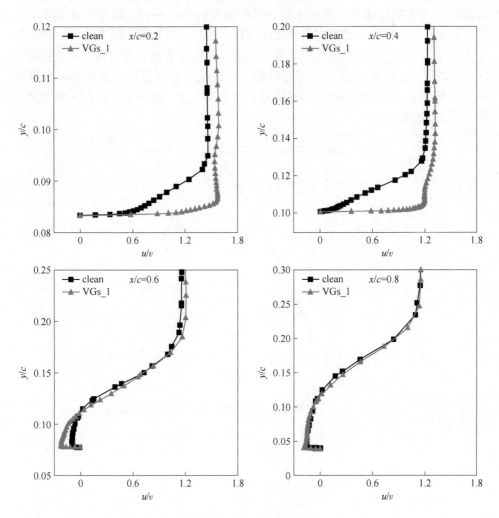

图 5.18　不同弦向位置的 x 方向速度（$AOA = 18°$）

5.3　涡流发生器的弦向位置对翼型 S809 气动特性的影响

　　流体流经涡流发生器时会卷起涡旋，而这种涡旋可以有效控制翼型边界层的流动分离，进一步提高翼型的气动特性，本小节雷诺数取值为 1.0×10^6。

　　图 5.19 和图 5.20 显示了涡流发生器的弦向位置对翼型升力系数和阻力系数的影响。在攻角为 0° ~ 12° 时，四种弦向位置的涡流发生器均保持相同的曲线趋

势。相同攻角下，VGs_4 算例得到了最大的升力系数，即涡流发生器加装在弦向位置 $x/c=0.4$ 处。随着涡流发生器位置向翼型前缘的移动，翼型得到的升力系数逐渐减小。从翼型壁面摩擦力的角度分析，在较小攻角下，翼型吸力面均未发生流动分离现象；而在涡流发生器加装之后，涡流发生器卷起的脱体涡系随流体向下游发展，脱体涡的强度也逐渐减弱。涡流发生器布置的位置越靠近翼型前缘，壁面摩擦力对脱体涡系作用越明显。对于 VGs_4，涡流发生器卷入到边界层内的动能消耗最少。

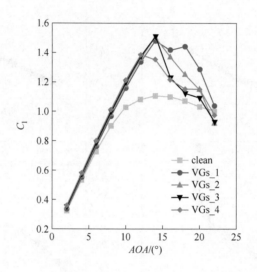

图 5.19　涡流发生器弦向位置对翼型 S809 升力系数的影响

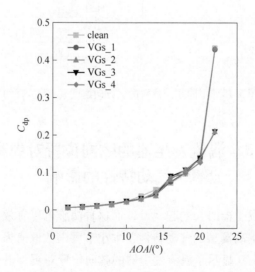

图 5.20　涡流发生器弦向位置对翼型 S809 阻力系数的影响

随着攻角的增大，VGs_4 对翼型升力系数的影响迅速下降。对于光滑翼型，最大的升力系数在攻角等于 14°处；而 VGs_4 在攻角为 12°时，翼型得到最大的升力系数。因此，涡流发生器布置在弦向位置 $x/c = 0.4$ 处，涡流发生器可以提高翼型的升力系数，但未能延迟翼型失速现象发生，反而导致失速现象提前出现。当翼型到达失速攻角之后，即使在翼型吸力面加装涡流发生器，升力系数也随着攻角增大而减小，阻力系数则迅速增大。

图 5.20 中，在攻角为 10°~14°时，不同弦向位置的涡流发生器均能有效地减小翼型的阻力系数。但是当翼型发生失速现象时，涡流发生器并不能降低阻力系数，反而增加了翼型的阻力系数。当攻角等于 22°时，涡流发生器布置在 $x/c = 0.2$ 和 0.3 处，极大地降低了阻力系数，降幅比例约为 52%。因此，在升力系数不变的情况下，通过减小阻力系数，翼型的升阻比得到进一步提高。总之，涡流发生器加装位置影响翼型的气动特性。当翼型未失速时，涡流发生器可以有效地提高升力系数，在一定攻角内可以减小阻力系数。当翼型失速之后，即使加装涡流发生器，升力系数也快速下降。涡流发生器加装位置在 $x/c = 0.1$ 处，可以延迟失速现象的出现。

当攻角为 14°时，不同弦向位置的涡流发生器得到相近的升力系数，除了涡流发生器在 $x/c = 0.4$ 处。图 5.21 显示了攻角为 14°时，涡流发生器加装不同弦向位置的翼型压力系数分布（$z = 0.09\mathrm{m}$）。四个弦向位置的涡流发生器均导致翼型吸力面的压力分布上移和压力面压力系数下移，整个翼型压力系数对 x 轴的积分面积增大，翼型从流体中得到更大的动能。流体沿着翼型吸力面流动，流经涡流发生器会受到涡流发生器的诱导作用，从而流体产生高能量的漩涡。根据李新凯[12]的研究，涡流发生器的迎风面为压力面，背风面为吸力面，当流体在涡流发生器附近压力系数形成一个峰值，如图 5.21 所示。涡流发生器加装在吸力面

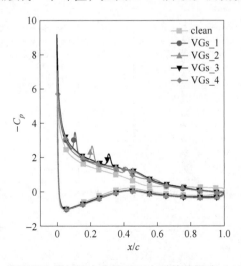

图 5.21　涡流发生器的弦向位置对压力系数的影响（$AOA = 14°$）

$x/c=0.1$ 处，涡流发生器诱导的压力系数峰值最大；涡流发生器加装在吸力面 $x/c=0.4$ 处，涡流发生器诱导的压力系数峰值最小。

在攻角为 14°时，涡流发生器加装在 $x/c=0.3$ 处，翼型获得更大的升力系数。对比四个弦向位置的涡流发生器，涡流发生器加装在 $x/c=0.3$ 处，在翼型前缘，压力系数分布曲线积分面积最大，而翼型尾缘的压力系数分布曲线基本重合。因此，翼型获得更大的升力系数。在翼型尾缘处，光滑翼型吸力面压力系数为平缓的曲线，说明在翼型尾缘处已经发生流动分离现象，四个弦向位置的涡流发生器均可以使翼型尾缘压力系数曲线整体下移，并且逐渐缩窄。

涡流发生器使附近的流体发生旋转，外流区的高动能流体被卷入到边界层内，而边界层内的低动能流体被卷出边界层，卷入到边界层内的高动能流体进行了动量交换，从而增强了边界层内的流体动能。图 5.22 对比了涡流发生器弦向

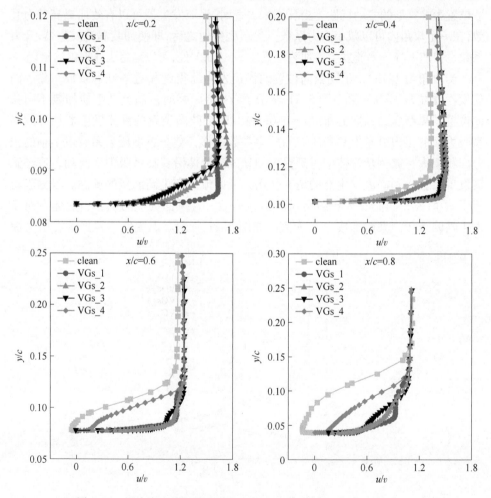

图 5.22　涡流发生器的弦向位置对 x 方向速度的影响（$AOA=14°$）

位置对翼型吸力面附近流体 x 方向速度的影响，攻角为 14°。在翼型弦向位置 $x/c=0.2$ 处，涡流发生器加装在 $x/c=0.1$ 处，流体的 x 方向速度曲线在近壁面处向前凸，上端的流体 x 方向速度曲线回凹，这种现象说明涡流发生器诱导的漩涡使边界层与外流区之间进行了动能交换。

对于 VGs_2、VGs_3 和 VGs_4，加装涡流发生器后，改变了翼型周围流体的流动特性；在涡流发生器的上游流体仍受其影响，提升了边界层内的流体动能和减小了边界层的厚度。在翼型弦向位置 $x/c=0.4$ 处，涡流发生器的上游流体仍受其影响，而下游流体在涡流发生器产生的漩涡作用下，边界层与外流区之间进行动能交换。在翼型弦向位置 $x/c=0.6$ 和 0.8 处，对于 VGs_4，边界层内的流体动能获得提升和边界层的厚度得到减小，涡流发生器对边界层内流体动能的增加作用明显减弱。对于 VGs_1、VGs_2 和 VGs_3，流体的 x 方向速度曲线在近壁面处向前凸，上端的流体 x 方向速度曲线回凹。此时涡流发生器产生的漩涡仍然存在，并使边界层与外流区之间进行了动能交换。VGs_1 对边界层内流体动能的影响最明显，VGs_2 对边界层内流体动能的影响次之。

5.4 双排顺列涡流发生器的控制机理

根据 5.2 节和 5.3 节的研究结果，涡流发生器可以有效地控制翼型吸力面的流动分离，并且在一定攻角范围内提高翼型的升力系数和降低翼型的阻力系数。涡流发生器诱导翼型吸力面的流体卷起脱体涡系，该涡系促使外流区与边界层之间的流体进行能动的交换，同时脱体涡系在随流体向下游流动过程中，逐渐减弱，并最终浸没到整个边界层内。由于来流流体无 z 方向速度，在脱体涡系向下游扩散过程中，漩涡核心的位置在 z 方向保持不变。在大攻角下，涡流发生器可以在一定程度上控制边界层的流动分离，推迟吸力面的流动分离现象的发生，流动分离点向翼型尾缘移动，但是翼型吸力面仍会出现回流现象。回流流体与边界层流体在流动分离点附近产生冲击，一部分边界层流体被滞止，另一部分边界层流体被分离到外流区。基于以上的研究结果，本小节中，进一步研究了双排顺列的涡流发生器布置方式对翼型边界层的控制分离影响。双排顺列涡流发生器的布置方式，如图 5.23 所示。两排涡流发生器布置在不同弦向位置，同时前后涡流发生器在相同的展向位置，

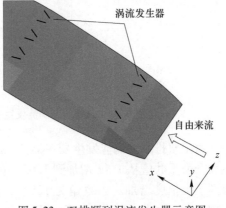

图 5.23 双排顺列涡流发生器示意图

使得两排涡流发生器卷起的脱体涡系在相同的 z 方向，避免前后涡流发生器卷起的涡系相互干扰。本小节雷诺数取值为 1.0×10^6，研究了涡流发生器布置在弦向位置 $x/c = 0.1$ 与 $x/c = 0.2$ 和 $x/c = 0.1$ 与 $x/c = 0.4$ 对翼型 S809 气动特性的影响，分析和讨论了翼型的升阻力系数、压力系数、x 方向速度和吸力面涡量等气动特性参数。

图 5.24 和图 5.25 显示了双排顺列涡流发生器布置对翼型升力系数和阻力系数的影响。图 5.24 中，双排顺列涡流发生器可以进一步增大升力系数和推迟翼型的失速攻角。在攻角为 $0° \sim 16°$ 时，两种双排顺列涡流发生器均保持相同的曲线趋势；在相同攻角下，VGs_6 获得的升力系数略大，即涡流发生器加装弦向位置在 $x/c = 0.1$ 和 0.4 处。根据之前研究结果，在小攻角下，VGs_4 得到了最大的升力系数，并对其原因从黏性摩擦力的角度进行了解释。在较小攻角下，翼型吸力面均未发生流动分离现象，涡流发生器卷起的漩涡随流体向下游流动过程中，不断将外流区的高动能流体卷入边界层内，其强度也逐渐减弱。对于双排顺列涡流发生器 VGs_5，前排的涡流发生器产生的漩涡在 $x/c = 0.2$ 处仍然保持高强度的涡系，而黏性摩擦力消耗边界层内流体动能有限。在 $x/c = 0.2$ 处，加装涡流发生器可以进一步增大吸力面流体的漩涡强度，但增加漩涡强度有限，如图 5.11 所示。

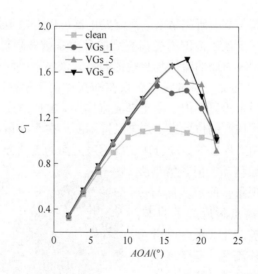

图 5.24　双排顺列涡流发生器对翼型 S809 升力系数的影响

由于双排顺列涡流发生器 VGs_5 的作用，失速攻角从 14° 推迟到 16°，翼型最大升力系数值从 1.11 增加到 1.65。在 $10° \sim 20°$ 攻角范围内，翼型的升力系数得到了大幅度增加。当攻角为 16° 时，翼型的升力系数增大比例约为 49.98%；当攻角为 22° 时，翼型的升力系数小于光滑翼型的升力系数；在失速攻角达到

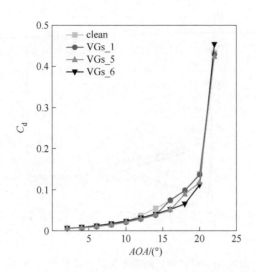

图 5.25 双排顺列涡流发生器对翼型 S809 阻力系数的影响

16°之后，翼型的升力系数呈下降趋势；在攻角为 20°条件下，翼型的升力系数得到一定的回升。在 0°~8°攻角范围内，VGs_5 翼型的阻力系数大于光滑翼型的阻力系数，然而，在 10°~22°攻角范围内，VGs_5 翼型的阻力系数小于光滑翼型的阻力系数，阻力系数最大的降幅比例在攻角为 16°处，约为 30.62%.

对于双排顺列涡流发生器 VGs_6，失速攻角从 14°推迟到 18°，翼型最大升力系数值从 1.11 增加到 1.72。在 10°~20°攻角范围内，翼型的升力系数得到了大幅度增加；在攻角为 18°时，翼型的升力系数增大比例约为 60.02%；在失速攻角达到 18°之后，翼型的升力系数快速地下降。在 0°~10°攻角范围内，VGs_6 翼型的阻力系数大于光滑翼型的阻力系数，而在 12°~20°攻角范围内，VGs_6 翼型的阻力系数小于光滑翼型的阻力系数，阻力系数最大的降幅比例在攻角为 18°处，约为 33.61%。在风力机叶片的设计过程中，一般以额定风速为参考，选取的截面翼型具有相对较高的升阻比，以得到相对较大的功率系数，同时避免截面翼型在失速下运行。因此，双排顺列涡流发生器布置弦向位置在 $x/c = 0.1$ 和 0.4 处，其翼型得到气动力系数优于弦向位置在 $x/c = 0.1$ 和 0.2 处翼型得到气动力系数。

在攻角 14° 和 18° 下，图 5.26 和图 5.27 显示了双排顺列涡流发生器布置对翼型压力系数分布的影响（$z = 0.09\mathrm{m}$），双排顺列涡流发生器的布置为弦向位置 $x/c = 0.1$ 和 0.4。

在 14° 攻角下，VGs_1 和 VGs_6 的压力系数分布曲线基本保持相同的趋势，除了在弦向位置 $x/c = 0.4$。在双排顺列涡流发生器作用下，翼型吸力面的压力系数曲线形成了两个涡流发生器诱导峰值。翼型的压力系数对 x 轴的积分面积略增大，在翼型尾缘的压力系数曲线整体进一步下移，并且逐渐缩窄。

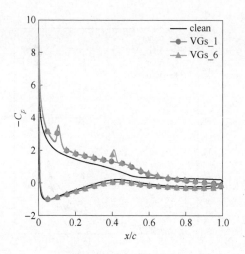

图 5.26   双排顺列涡流发生器对翼型 S809 压力
系数的影响（*AOA* = 14°）

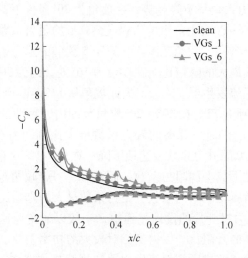

图 5.27   双排顺列涡流发生器对翼型 S809 压力
系数的影响（*AOA* = 18°）

在攻角 18°下，双排顺列涡流发生器使翼型获得了更大的压力系数对 *x* 轴积分面积，如图 5.27 所示，导致翼型从流体中捕获了更多的作用力。在双排顺列涡流发生器作用下，在翼型吸力面前端，压力系数曲线的峰值进一步增大，翼型吸力面的压力系数曲线基本向上大幅度增加，除了在翼型尾缘；而压力面的压力系数曲线向下减小。对于 VGs_1，在翼型吸力面 *x*/*c* = 0.5 ~ 0.8 处，压力系数曲线基本为水平直线。根据之前的研究结果，在边界层发生流动分离之后，翼型吸力面附近的流体压力基本保持不变。此时流动已经发生分离现象。对于 VGs_6，翼型尾缘吸力面压力系数曲线缓慢下降，压力面与吸力面之间压力系数差值小于其他两个工况（光滑翼型和 VGs_1）的压力系数差值，这说明在攻角 18°下，由于双排顺列涡流发生器的影响，翼型吸力面未发生流动分离。

图 5.28 对比了攻角等于 18°时，涡流发生器翼型吸力面附近的流体流动特性变化。从图 5.28 可以看出，涡流发生器可以有效地控制翼型边界层的流动分离。

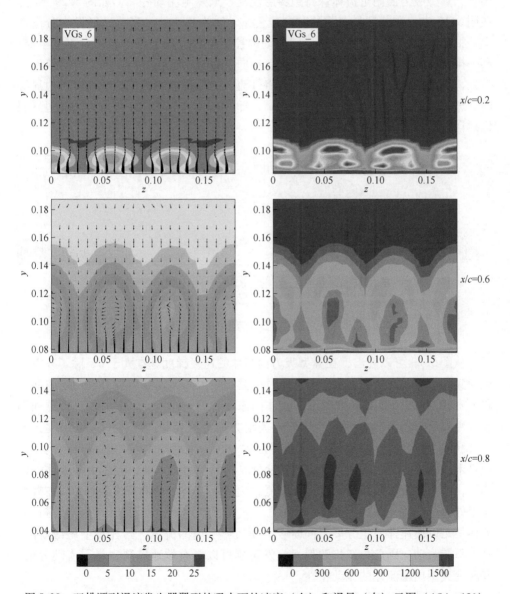

图 5.28　双排顺列涡流发生器翼型的吸力面的速度（左）和涡量（右）云图（$AOA = 18°$）

在 $x/c = 0.6$ 处，由于涡流发生器的影响，在边界层附近的流体方向向下，即流体有向边界壁面流动的趋势。在 $x/c = 0.8$ 处，这种现象更加明显。在 $x/c = 0.8$ 处，边界层未出现流动分离现象，边界层的厚度变薄。脱体涡系随流体向下游流动过程中，逐渐融合到翼型边界层中，直到浸没到整个边界层。

图 5.29 给出了攻角为 $18°$，双排顺列涡流发生器（VGs_6）对 x 方向速度在 y 方向流体的速度梯度和翼型壁面附近流线的影响。在双排顺列涡流发生器的作用下，翼型吸力面附近流体保持边界层流动，未发生流动分离，如图 5.29 所示。在图 5.16 中，在翼型吸力面的弦向位置 x/c 约为 0.5 处，流动已经发生分离现象。根据涡流发生器对翼型边界层流动的控制机理，对于双排顺列涡流发生器，第一排涡流发生器产生高强度的漩涡，在向下游流动过程中；在第二排涡流发生器处，漩涡的强度获得了增强，从而将外流区的高动能的流体不断地卷入边界层内，进一步抑制翼型边界层的流动分离，即使在大攻角下，翼型吸力面的边界层仍然保持边界层流动状态。

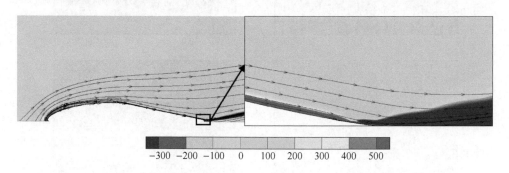

$$-300 \quad -200 \quad -100 \quad 0 \quad 100 \quad 200 \quad 300 \quad 400 \quad 500$$

图 5.29　双排顺列涡流发生器对速度梯度的影响（$AOA = 18°$）

从图 5.29 可以看出，在翼型吸力面流体的速度梯度基本大于 0，除了在翼型尾缘尖端部分。对于光滑翼型和 VGs_1，翼型吸力面流动分离点分别约为弦向位置 $x/c = 0.43$ 和 0.5 处，此时下游流体的速度梯度均小于 0。在加装双排顺列涡流发生器后，翼型吸力面的流体保持流动方向，边界层内流体的速度梯度大于 0。说明主流区的流体不断地补充边界层内摩擦力消耗的动能，壁面附近流体的质点未被滞止。在吸力面与压力面相交处，即翼型尾缘末端，在压力面流体的作用下，吸力面流体的速度梯度迅速降低，边界层流体的速度梯度小于 0。在翼型尾缘处，部分流体在黏性摩擦力和逆压梯度双重作用下流动滞止，但是被滞止的流体不足以使流体发生分离。同时吸力面边界层内的流体开始在翼型尾缘脱离，并向下游流动。因此，双排顺列涡流发生器可以更有效地控制边界层流动分离，并改变翼型周围流体的流动特性。

基于翼型边界层流动理论，当翼型边界层内的 x 方向速度为负时，翼型的吸力面发生流动分离现象，即流体出现了回流。通过光滑翼型、VGs_1 和 VGs_6 三个工况的对比，图 5.30 显示了双排顺列涡流发生器对翼型吸力面附近流体 x 方向速度的影响，攻角为 18°。在翼型弦向位置 $x/c = 0.2$ 和 0.4 处，三个工况下的 x 方向速度均大于零，流体保持边界层原有的流动状态。在 VGs_1 和 VGs_6 工况下，涡流发生器产生的高强度漩涡将边界层与外流区之间动能进行交换，增大了边界内流体的动能，减小了边界层的厚度。因此，双排顺列涡流发生器可以更大地增加边界内流体的动能，同时更有效地减小边界层的厚度。

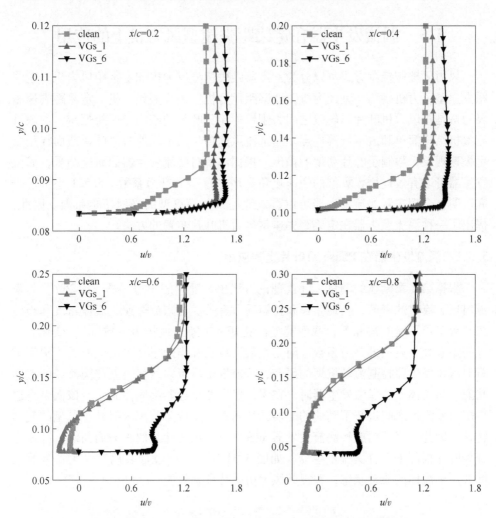

图 5.30 双排顺列涡流发生器对 x 方向速度的影响

在翼型弦向位置 $x/c = 0.6$ 和 0.8 处，光滑翼型吸力面附近的流体发生了回流现象，然后，再随着主流流体向下游流动。VGs_1 工况下涡流发生器产生的漩涡已消失，流体的 x 方向速度为负值，涡流发生器对流体产生反作用，增加了近壁面附近回流流体的 x 方向速度。对于双排顺列涡流发生器，其产生的高强度漩涡仍然使边界层与外流区之间动能进行交换，流体保持边界层流动状态，边界层厚度较小，边界层上端的外流区流体动能缓慢地恢复。

根据以上分析，对比单排涡流发生器，双排顺列涡流发生器可以增大翼型的升力系数和失速攻角，提高翼型下大攻角下的气动特性，控制大攻角下的翼型吸力面流动分离，减小边界层的厚度，使流体保持边界层流动状态。

5.5　涡流发生器在定桨距失速型风力机上的应用

风力机按照控制方式可以分为：定桨距失速型风力机和变桨距风力机，定桨距失速型风力机多为小型风力机，变桨距风力机多为大型风力机。定桨距失速型风力机是指风力机叶片与轮毂之间为刚性连接，叶片的桨距角保持恒定，一般具有整机结构简单和成本低等优点。当来流风速高于额定风速时，叶片截面翼型发生失速现象，限制了叶片功率的输出。根据本章对涡流发生器的研究结果，涡流发生器可以有效地增大翼型的失速攻角和增加翼型的升力系数。5.5.1 小节的研究表明，合理布置涡流发生器可以有效地提升截面翼型的当地扭矩系数。因此，提出了一种涡流发生器在定桨距失速型风力机叶片布置的方法。

5.5.1　涡流发生器在 Phase VI 叶片上的应用

根据第 2 章阐述的动量－叶素理论方法中，叶片的扭矩［式（2.25）］与来流风速、流体的密度、当地弦长和扭矩系数有关。当来流风速、流体密度和当地弦长等参数不变的情况下，截面翼型的扭矩 dM 随当地扭矩系数 C_{Torque} 变化。当地扭矩系数与翼型的升力系数、阻力系数、攻角和当地扭角等参数有关。根据本章对涡流发生器控制流动机理的研究，涡流发生器可以改变翼型周围流场的流动状态。当流体流经涡流发生器时，在涡流发生器尾缘卷起脱体涡系，该涡系将边界层与外流区之间进行了动能的交换，从而在一定攻角范围内提升了翼型的气动特性。因此，将反向旋转涡流发生器布置在 Phase VI 叶片的吸力面前缘，叶片尖部和叶片根部未布置涡流发生器，如图 5.31 所示。通过加装涡流发生器来改变叶片周围流体的流动状态，并提升风力机叶片气动性能。

图 5.31　涡流发生器加装在叶片上

本小节中，分别计算了来流风速为 10m/s 和 13m/s 下，加装涡流发生器叶片的扰流流场，并对比了叶片的扭矩，如表 5.2 所示。涡流发生器布置在叶片的弦向位置 $x/c = 0.1$ 处，而涡流发生器的尺寸参数与表 5.1 中 VGs_1 算例的涡流发生器尺寸参数相同。当来流风速等于 10m/s 时，通过加装涡流发生器可以使叶片的扭矩提升约 14.41%，而来流风速等于 13m/s 时，叶片的扭矩减小了约 2.99%.

表 5.2 带有涡流发生器 Phase Ⅵ 叶片的扭矩

风速/m·s⁻¹	光滑叶片扭矩/N·m	涡流发生器叶片扭矩/N·m	提升百分比/%
10	668.08	764.33	14.41
13	621.99	603.38	-2.99

当来流风速为 10m/s 时，涡流发生器改变了截面翼型的当地扭矩系数，如图 5.32 所示。叶片尖部和叶片根部的当地扭矩系数受涡流发生器的影响而减小；在加装涡流发生器后，叶片中段的当地扭矩系数大幅度地增加。根据 5.2 小节的研究结果，在一定攻角范围内，涡流发生器可以增加翼型的升力系数和减小翼型的阻力系数；同时涡流发生器也可以增大翼型的阻力系数。因此，对于三维旋转叶片，涡流发生器的合理布置可以大幅度地增大截面翼型的当地扭矩系数。图 5.33 给出了来流风速为 13m/s，叶片沿展向的当地扭矩系数分布。涡流发生器后，截面翼型的当地扭矩基本减小，仅在叶片根部和叶片尖部，当地扭矩系数增大。从表 5.2 的结果得到，来流风速为 13m/s 时，对叶片加装涡流发生器使其扭矩减小。根据以上的分析，涡流发生器既可以增加截面翼型的当地扭矩系数，也可以减小截面翼型的当地扭矩系数。

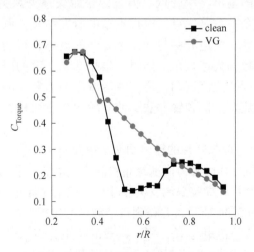

图 5.32 涡流发生器对当地扭矩系数的影响

（来流风速为 10m/s）

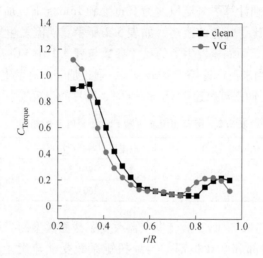

图5.33　涡流发生器对当地扭矩系数的影响

（来流风速为13m/s）

5.5.2　涡流发生器布置方法

对于大型变桨距风力机，当来流风速超过额定风速时，风力机的变桨变速系统调节叶片的桨距角，使叶轮的输出功率保持恒定，叶片始终处于最佳的捕风工况。对于小型定桨距失速型风力机，叶片与轮毂之间是刚性连接，叶片的桨距角恒定，当来流风速超过额定风速时，来流的攻角增大，截面翼型处于失速状态，导致叶轮的输出功率降低。但是定桨距失速型风力机具有结构简单、成本低和较高的安全系数等优点。根据本章的研究结果，涡流发生器可以改变翼型周围的流体流动，使边界层与外流区之间的流体进行动能交换，从而增大翼型的最大升力系数和失速攻角。同时，根据5.5.1节的研究结果，涡流发生器可以改变叶片周围的扰流流动，增加或者减小截面翼型的当地扭矩系数。因此，提出了一种涡流发生器布置方法，使叶轮的输出扭矩在一定风速范围内保持不变。

根据式（4.37），可知叶片的输出功率与扭矩有关，因而本节以叶片扭矩为优化目标。在风力机叶片的吸力面前缘布置涡流发生器，采用叶片气动性能预测方法分别计算光滑叶片和加装涡流发生器叶片的扭矩。首先，将风力机叶片沿展向分成 j 等份，如图5.34所示，并得到每个截段的扭矩。

假设风力机叶片的扭矩为 M_i，每个截段的扭矩为 $N_{i,j}$，其中，下标 i 表示风速，j 表示展向位置。因此，不同风速下叶片的扭矩为：

$$M_i = N_{i,1} + N_{i,2} + \cdots + N_{i,j} \tag{5.1}$$

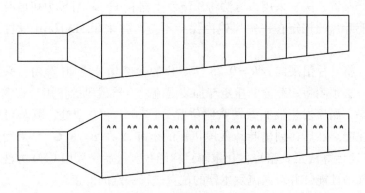

图 5.34　叶片截段的示意图

在一定风速范围内，风力机叶片的扭矩差值为：

$$\Delta M = \left| M_1 - M_2 \right| + \left| M_2 - M_3 \right| + \cdots + \left| M_{i-1} - M_i \right| \tag{5.2}$$

风力机在运行过程中，叶片边界层内的流体受离心力作用，使其向叶片尖部流动。为了简化模型，假设每一个截段是相互独立的，不受周围截段的影响。对于光滑叶片，在不同风速下，叶片截段扭矩可以用矩阵 $\boldsymbol{A}_{i,j}$ 表示为：

$$\boldsymbol{A}_{i,j} = \begin{bmatrix} a_{1,1} & \cdots & a_{1,j} \\ \vdots & \ddots & \vdots \\ a_{i,1} & \cdots & a_{i,j} \end{bmatrix} \tag{5.3}$$

对于加装发生器叶片，在不同风速下，叶片截段扭矩可以用矩阵 $\boldsymbol{B}_{i,j}$ 表示为：

$$\boldsymbol{B}_{i,j} = \begin{bmatrix} b_{1,1} & \cdots & b_{1,j} \\ \vdots & \ddots & \vdots \\ b_{i,1} & \cdots & b_{i,j} \end{bmatrix} \tag{5.4}$$

涡流发生器布置问题则转化成一个函数优化问题，为一个单目标优化函数，在每一个截段则选择矩阵 $\boldsymbol{A}_{i,j}$ 或者 $\boldsymbol{B}_{i,j}$ 的一列，求最小的扭矩差值 ΔM。对于多种涡流发生器布置方式和不同类型的涡流发生器，仅增加相应的扭矩矩阵。

5.5.3　涡流发生器的优化布置

在来流风速超过额定风速时，定桨距失速型风力机叶片的输出功率波动幅度较大。根据图 2.5 可知，当来流风速为 13～20.1m/s 时，Phase Ⅵ风力机的输出功率小于额定功率；当来流风速等于 25.1m/s 时，Phase Ⅵ风力机的输出功率大于额定功率。根据文献［20-21］的研究结果，叶片的流动分离现象先出现在叶根，随着来流风速增大，流动分离现象向叶片尖部发展。根据 5.5.2 小节提出的涡流发生器布置方法，采用该方法将涡流发生器在 Phase Ⅵ 风力机叶片上进行优化布置，使叶片的扭矩在一定风速内保持不变，并采用 MATLAB 软件编写优化程序。

　　首先，将叶片沿展向 $r/R=0.25$ 至叶片的尖部均分成 20 等份，采用动量 – 叶素理论方法预测每一截段的扭矩和加装涡流发生器截段的扭矩。根据 5.3 小节的研究结果，涡流发生器布置在弦向位置 $x/c=0.1$ 和 0.2 处，翼型可以得到较优的气动性能。然后，列出叶片截段扭矩的矩阵 $\boldsymbol{A}_{i,j}$、$\boldsymbol{B}_{i,j}$ 和 $\boldsymbol{C}_{i,j}$，采用遗传算法（MATLAB 遗传算法工具箱）优化求解目标函数。最后，采用 CFD 方法预测优化后叶片的气动性能，并对涡流发生器的位置进行一定的修正。

　　将 5.5.2 小节介绍的涡流发生器布置方法转换成数学模型，假设不同风速下的叶片扭矩为 $f(x_k)$，优化目标为：

$$G(x) = \sum_{k=1}^{m} |f(x_{k+1}) - f(x_k)| \tag{5.5}$$

式中，m 为预测次数；采用随机函数 randperm 方法，从叶片截段扭矩矩阵 $A_{i,j}$、$B_{i,j}$ 和 $C_{i,j}$ 中选取对应风速的截面扭矩，从而得到函数 $f(x)$，一个一行 20 列的矩阵，并将该矩阵各列求和。

　　在 5.5.1 小节的研究中，涡流发生器可以增大截段翼型的扭矩，也可以减小截面翼型的扭矩。在来流风速大于 10m/s 时，Phase Ⅵ 风力机叶片开始失速，即叶片扭矩逐渐减小。为了避免优化后，叶片的扭矩减小幅度较大。以来流风速为 10m/s，叶片扭矩的 95% 为限制条件，即优化后叶片扭矩的最小值应大于优化前叶片扭矩的 95%。

　　将优化问题可以用如下形式表示：

$$\begin{aligned} \text{min.} \quad & G(x) \\ \text{s. t.} \quad & f(x_{10}) \geqslant 0.95 \times g(x_{10}) \\ & 0.25 \leqslant r/R \leqslant 1 \end{aligned} \right\} \tag{5.6}$$

式中，$g(x_{10})$ 为优化前来流风速为 10m/s 时风力机叶片的扭矩；$f(x_{10})$ 为优化后来流风速为 10m/s 时风力机叶片的扭矩。

　　风力机叶片的桨距角为 3°，优化来流风速从 10m/s 到 13m/s。采用 CFD 方法数值模拟了优化叶片的扰流流场，并对叶轮扭矩和叶根挥舞扭矩进行定量分析。从图 5.35 可以看出来，优化后，叶轮的扭矩从 10m/s 到 13m/s 的变化较小。在低风速和高风速下，叶轮的扭矩减小；而来流风速为 13m/s 和 15.1m/s 时，叶轮的扭矩增大。优化后，叶根挥舞扭矩的变化较小，如图 5.36 所示。来流风速为 13m/s 和 15.1m/s 时，优化后的叶根挥舞扭矩略微减小。

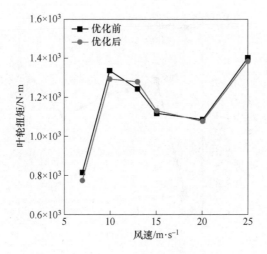

图 5.35 对比叶轮扭矩（桨距角为 3°）

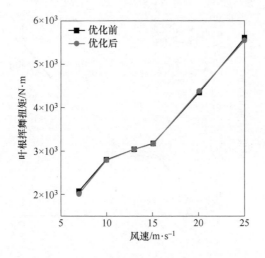

图 5.36 对比叶根挥舞扭矩（桨距角为 3°）

风力机叶片的桨距角为 4°，优化来流风速从 10m/s 到 15.1m/s。从图 5.37 可以看出来，基于以上介绍的涡流发生器布置方法，优化得到的风力机叶片，其扭矩从 10m/s 到 15.1m/s 基本保持不变。当来流风速为 10m/s 时，涡流发生器产生负面作用，降低了叶轮扭矩。当来流风速为 13m/s 和 15.1m/s 时，通过对叶片加装涡流发生器，叶片的扭矩大幅度地增加，但叶根挥舞扭矩也相应地增加，如图 5.38 所示。因此，在叶片吸力面加装涡流发生器，形成了一定的风速平台区，叶轮的扭矩保持不变。

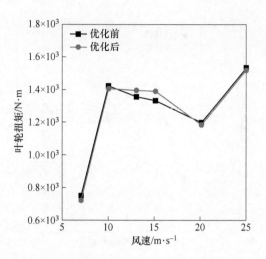

图 5.37　对比叶轮扭矩（桨距角为 4°）

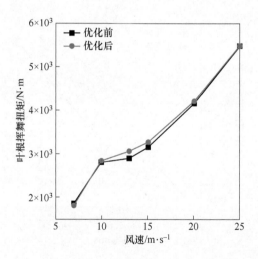

图 5.38　对比叶根挥舞扭矩（桨距角为 4°）

5.6　本 章 小 结

　　本章采用数值模拟方法研究了涡流发生器对翼型 S809 气动特性的影响。从流体动能传递方向和涡系运动轨迹的角度，揭示了涡流发生器对翼型边界层分离控制的机理，对翼型升力系数、阻力系数、x 方向速度和涡量等流动参数进行了定量分析，并考虑了涡流发生器的弦向位置因素。最后，将涡流发生器应用到

Phase Ⅵ风力机叶片上。

通过对翼型 S809 加装涡流发生器，可以有效地提升翼型的升力系数，推迟了失速现象的出现，失速攻角由原来的 14°增加到 18°。在加装涡流发生器后，翼型吸力面的压力系数明显上移和压力面压力系数下移，导致整个翼型压力系数对 x 轴的积分面积（压力差）增大，翼型从流体中得到更多的动能。涡流发生器卷起的脱体涡系使外流区的高动能流体流入到边界层内，而边界层内低动能的流体流入到外流区，实现动能的交换，从而有效地控制翼型边界层的流动分离。脱体涡系在随流体向下游流动过程中，逐渐融合到翼型边界层中，直到浸没到整个边界层。在一定攻角下，涡流发生器可以减小翼型边界层的厚度。涡流发生器加装位置影响翼型的气动特性。当翼型未失速时，涡流发生器可以有效地提高升力系数，并在一定攻角范围内，可以减小阻力系数。当翼型失速之后，即使加装涡流发生器，升力仍然快速下降。涡流发生器加装位置在 $x/c = 0.1$ 处，可以延迟失速现象的出现。

根据涡流发生器对翼型边界层控制机理的研究，进一步研究了双排顺列的涡流发生器布置方式对翼型边界层的影响，并对其控制翼型边界层的机理进行了定性和定量分析。双排顺列涡流发生器布置在弦向位置 $x/c = 0.1$ 与 0.2 和 $x/c = 0.1$ 与 0.4。研究结果表明，对比单排涡流发生器，双排顺列涡流发生器可以进一步增大升力系数和推迟翼型的失速攻角，提高翼型下大攻角下的气动特性，控制大攻角下的翼型吸力面流动分离，减小边界层的厚度，使流体保持边界层流动状态。

最后，将反向旋转涡流发生器应用到失速型 Phase Ⅵ风力机上。研究结果表明，当来流风速为 10m/s 时，叶片中段的当地扭矩系数大幅度地增加。根据涡流发生器的控制机理，提出了一种涡流发生器布置方法，在一定风速范围内，叶轮的扭矩基本保持不变。

参 考 文 献

[1] Khoshvaght-Aliabadi M, Sartipzadeh O, Alizadeh A. An experimental study on vortex-generator insert with different arrangements of delta-winglets [J]. Energy, 2015, 82: 629-839.

[2] Farzaneh-Gord M, Sadi M. Improving vortex tube performance based on vortex generator design [J]. Energy, 2014, 72: 492-500.

[3] Xia H H, Tang G H, Shi Y, et. al. Simulation of heat transfer enhancement by longitudinal vortex generators in dimple heat exchangers [J]. Energy, 2014, 74: 27-36.

[4] Zhou G, Pang M. Experimental investigations on thermal performance of phase change materiale Trombe wall system enhanced by delta winglet vortex generators [J]. Energy, 2015, 93: 758-769.

[5] Velte C M, Hansen M O L, Meyer K E, et al. Evaluation of the Performance of Vortex

Generators on the DU 91-W2-250 Profile using Stereoscopic PIV [C]. International Symposium on Energy, Informatics and Cybernetics: Focus Symposium in the 12th World Multiconference on Systemics, Cybernetics and Informatics, 2008: 263-267.

[6] Velte C M, Hansen M O L, Cavar D. Flow analysis of vortex generators on wing sections by stereoscopic particle image velocimetry measurements [J]. Environmental Research Letters, 2008, 3 (1): 015006.

[7] Velte C M, Hansen M O L. Investigation of flow behind vortex generators by stereo particle image velocimetry on a thick airfoil near stall [J]. Wind Energy, 2013, 16 (5): 775-785.

[8] 张磊, 杨科, 徐建中. 涡流发生器对风力机专用翼型气动特性的影响 [J]. 工程热物理学报, 2010, 5: 749-752.

[9] Zhao Z, Li T, Wang T, et al. Numerical investigation on wind turbine vortex generators employing transition models [J]. Journal of Renewable and Sustainable Energy, 2015, 7 (6): 063124.

[10] Sørensen N N, Zahle F, Bak C, et al. Prediction of the Effect of Vortex Generators on Airfoil Performance [C]. Journal of Physics: Conference Series. IOP Publishing, 2014, 524 (1): 012019.

[11] Gao L, Zhang H, Liu Y, et al. Effects of vortex generators on a blunt trailing-edge airfoil for wind turbines [J]. Renewable Energy, 2015, 76: 303-311.

[12] 李新凯, 康顺, 戴丽萍, 等. 涡发生器结构对翼型绕流场的影响 [J]. 工程热物理学报, 2015 (2): 326-329.

[13] Hansen M O L, Velte C M, Øye S, et al. Aerodynamically shaped vortex generators [J]. Wind Energy, 2016, 19 (3): 563-567.

[14] Sullivan T L. Effect of vortex generators on the power conversion performance and structural dynamic loads of the mod-2 wind turbine [R]. Cleveland: NASA Lewis Research Center, 1984.

[15] Øye S. The effect of vortex generators on the performance of the ELKRAFT 1000 kW turbine [C]. 9th IEA Symposium on Aerodynamics of Wind Turbines, Stockholm, 1995: 590-8809.

[16] Mueller-Vahl H, Pechlivanoglou G, Nayeri C N, et al. Vortex generators for wind turbine blades: A combined wind tunnel and wind turbine parametric study [C]. ASME Turbo Expo 2012: Turbine Technical Conference and Exposition, American Society of Mechanical Engineers, 2012: 899-914.

[17] Somers D. Design and experimental results for the S809 airfoil NREL [R]. Golden USA: National Renewable Energy Laboratory, 1997.

[18] Tangler J L. The nebulous art of using wind-tunnel airfoil data for predicting rotor performance [C]. Reno, USA: ASME 2002 Wind Energy Symposium. American Society of Mechanical Engineers, 2002: 190-196.

[19] Vučina D, Marinić-Kragić I, Milas Z. Numerical models for robust shape optimization of wind turbine blades [J]. Renewable Energy, 2016, 87: 849-862.

[20] Raj N V. An improved semi-empirical model for 3-D post-stall effects in horizontal axis wind turbines [D]. Urbana USA: University of Illinois at Urbana-Champaign, 2000.

[21] Sørensen N N, Michelsen J A, Schreck S. Navier-Stokes predictions of the NREL Phase Ⅵ rotor in the NASA Ames 80 ft × 120 ft wind tunnel [J]. Wind Energy, 2002, 5 (2/3): 151-169.

6 前缘缝翼对风力机边界层的流动分离控制

由于黏性摩擦力和逆向压梯度的影响[1]，导致叶片吸力面的边界层出现了流动分离现象。边界层流动分离的不稳定，并周期性地生成分离涡。流动分离和动态失速等现象会增加风机叶片的疲劳载荷，从而降低风力机的整体效率。因此，有效地控制流动分离和延迟动态失速可以改善风力机的气动性能。

在许多领域中，流动控制技术被广泛地研究[2-5]。边界层流动控制技术是风能研究的热点问题之一[6-9]。流动控制技术可分为被动流动控制和主动流动控制[10]。这些技术主要通过促进流动转捩和增加湍流强度来抑制或延缓流动分离现象。被动流动控制技术是一种不需要外部能量的、简单有效的控制方法。例如，Gurney 襟翼可以控制叶片压力面的压力梯度[11]；涡流发生器可以增加边界层内流体的动量[12]。

Amini 等人[13-14]利用数值模拟方法研究了 Gurney 襟翼对翼型气动特性的影响。Xie 等人[15]研究了 Gurney 襟翼运动参数对 NACA0012 翼型气动特性的影响。Hansen 等人[16]提出了一种气动形状的涡流发生器，并利用风洞试验测试了该涡流发生器的气动特性。Zhao 等人[17]利用了升力线理论代替实体的涡流发生器，研究了涡流发生器之间的相互作用机理。Manolesos 等人[18]利用试验方法和数值模拟方法研究了稳定的失速单元。研究结果表明，演化涡、分离涡和后缘涡之间有较强的相互作用。

一些学者研究了利用被动流动控制技术提升风力机的气动性能。Choudhry 等人[19]研究了三种不同的被动控制方法来控制动态失速。研究结果表明，流向涡系和展向涡系可以延缓动态失速现象的发生。Lee 等人[20]和 Hwangbo 等人[21]研究了涡流发生器对风力机叶片输出功率的影响。Fernandez-Gamiz 等人[22]利用改进的叶素动量理论研究了涡流发生器和 Gurney 襟翼对 5MW 水平轴风力机气动性能的影响。Ismail 和 Vijayaraghavan[23]、Shukla 和 Kaviti[24]利用 Gurney 襟翼提升垂直轴风力机的气动性能。

相对于被动流动控制技术，主动流动控制技术利用外部动力来改变边界层的流动状态，以实现抑制边界层的流动分离。根据空气来流工况、风力机运行工况和边界层的流动状态，主动流动控制技术可以将边界层的流动状态精确地调节到合理的流动状态。主动流动控制技术可以实现期望的控制效果。Buchmann 等人[25]利用高重复率粒子图像测速技术研究了前缘零净质量射流的流动结构。Taylor 等人[26]利用立体粒子图像测速技术研究了合成射流激励器对 S809 翼型气动特性的影响。Walker 和 Segawa[27]利用粒子图像测速技术研究了介质阻挡放电等离子体激励器,以控制 NACA0024 翼型上的流动分离。Feng 等人[28]采用介质阻挡放电等离子体激励器代替 Gurney 襟翼。该方法利用开尔文 – 亥姆霍兹不稳定性改变层流分离气泡的动力学特性和加速层流向湍流的转变。Yen 和 Ahmed[29]探讨了合成射流技术在垂直轴风力机上的应用。Barlas 等人[30]采用自适应后缘襟翼来优化 10MW 风力机的气动弹性。Ebrahimi 和 Movahhedi[31]研究了 5MW 海上风力机上应用多介质阻挡放电等离子体激励器的可行性。

前缘缝翼是一种流动分离控制技术,可实现被动流动控制或主动流动控制。Pechlivanoglou 等人[32]研究了固定的辅助前缘翼型控制风力机叶片根部的流动分离。Elhadidi 等人[33]设计了一种主动缝翼以增加升力系数和延迟流动分离。该主动缝翼为被固定的旋转叶片,可实现关闭、完全打开或间歇打开。Granizo 等人[34]研究了全跨度固定缝对机翼性能的影响。Yavuz 等人[35]采用数值模拟方法和试验方法研究了缝翼布置对风力机气动性能的影响。Schramm 等人[36]采用数值模拟方法和伴随方法来优化前缘缝翼的几何形状。Sarkorov 等人[37]研究了主动前缘缝翼控制相对厚度较大翼型的气动性能。同时部分翼展缝翼(占翼型翼展的 31.8% ~77.3%)也可以有效地控制三维翼型的流场。Halawa 等人[38]研究了主动缝翼对 DU96-W-180 翼型流动附着和气动性能的影响。Belamadi 等人[39]、Beyhaghi 和 Amano[40]研究了窄缝对翼型气动特性的影响。

前缘缝翼可以有效地控制叶片边界层的流动分离。然而,关于前缘缝翼几何参数对风力机气动特性影响的研究较少。因此,本书研究了前缘缝翼对 S809 翼型和 Phase Ⅵ叶片气动特性的影响。翼型和 Phase Ⅵ叶片的流动可视为不可压缩流动,湍流模型选用 Transition SST 模型。本章详细分析和讨论了前缘缝翼几何参数对风力机气动特性的影响。

6.1　数　值　方　法

在本书中,流场流体的马赫数小于 0.3。因此,整个风力机叶片和翼型的流场可视为不可压缩流。假设翼型和 Phase Ⅵ叶片的湍流流动是一个绝热过程,故仅求解流动的连续方程和动量方程,湍流模型选择 Transition SST 模型。

6.1.1　前缘缝翼和 S809 的几何参数

本书研究了前缘缝翼对 S809 翼型和 Phase Ⅵ叶片气动性能的影响。NREL 翼型系列由美国国家可再生能源实验室设计,可有效提高升阻比和最大升力系数,降低表面粗糙度的敏感性。S809 翼型的弦长为 600mm。S809 翼型的最大相对厚度为 21%。计算域为 C-H 类型。从入口到翼型前缘的长度是 S809 翼型的弦长的 19 倍，从翼型的前缘到出口的长度是 S809 翼型的弦长的 41 倍。缝翼放置在 S809 翼型的前缘，也使用 S809 翼型。前缘缝翼的弦长为 S809 翼型弦长的 10%。前缘缝翼的参数在图 6.1 中进行了详细介绍。标记位置为前缘缝翼弦长的中心点。S_β 表示 S809 翼型的弦与前缘缝翼的弦之间的夹角，S_L 代表前缘缝翼弦长中心点与 S809 翼型前缘之间的长度，S_H 代表前缘缝翼弦长中心点与 S809 翼型前缘之间的高度。

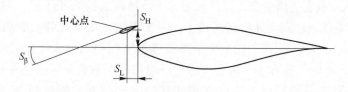

图 6.1　前缘缝翼的几何参数

6.1.2　计算网格和边界条件

对于 S809 翼型，入口和出口处选择速度入口和压力出口。采用 SIMPLE 方法进行压力 – 速度耦合。对于空间离散，压力方程选择二阶方法，动量和湍流方程均选择二阶迎风离散方法。S809 翼型和前缘缝翼设置为不可滑移壁面。对于转捩 SST 模型，$y+$ 一般需要小于 5。本书中 $y+$ 小于 1，S809 翼型边界层第一个节点的高度为 0.01mm，网格生长因子为 1.1，流场域网格节点总数为 7.44×10^4。S809 翼型的表面需要进一步细化网格，S809 翼型的吸力面和压力面划分了 400 个节点，如图 6.2 所示。图 6.3 给出了三种不同攻角的升力和阻力系数。表 6.1 给出了不同网格密度（$AOA = 12.23°$）下，升力系数（C_1）和阻力系数（C_{dp}）的偏差。

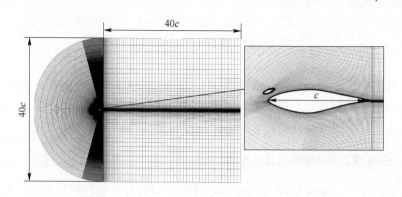

图 6.2　S809 翼型和前缘缝翼网格

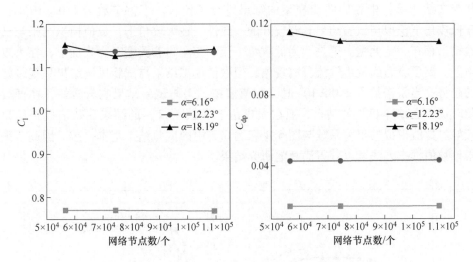

图 6.3　不同网格密度下的升力和阻力系数

表 6.1　不同网格密度下升力和阻力系数的偏差 （AOA = 12.23°）

网格节点数/个	C_l	升力系数偏差/%	C_{dp}	阻力系数偏差/%
56728	1.1367	—	0.0426	—
74423	1.1371	0.0352	0.0427	0.2347
109453	1.1347	− 0.2111	0.0431	0.9368

6.1.3　数值模拟方法的验证

图 6.4 和图 6.5 给出了数值模拟结果和试验数据[41]的升力系数和阻力系数，

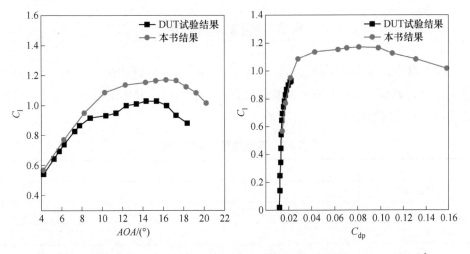

图 6.4　对比数值模拟方法与试验方法的升力系数和阻力系数 （Re = 1.0 × 10^6）

并与文献［42］中相同湍流模型的结果进行了比较。当雷诺数为 1.0×10^6 时，在低攻角下模拟与试验结果具有较好的一致性。在大攻角下，数值模拟结果与试验结果存在一定偏差。这是因为低攻角下流动完全附着翼型吸力表面上，在大攻角下，翼型吸力面发生气流分离现象，但数值模拟结果与试验风洞结果呈现较好的趋势。当雷诺数为 2.0×10^6 时，数值模拟结果与试验结果吻合较好，在低攻角时优于文献［42］的结果，但在大攻角下文献［42］的结果比数值模拟结果较好。数值模拟的阻力系数与图 6.4 和图 6.5 中的试验结果基本一致。因此，采用该数值模拟方法可以获得满意的研究结果。

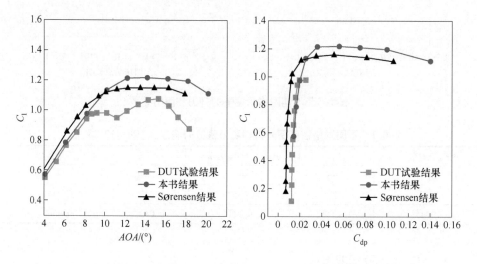

图 6.5　对比数值模拟方法与试验方法的升力系数和阻力系数（$Re = 2.0 \times 10^6$）

6.2　结果与讨论

在本章中，所有算例的雷诺数均为 1.0×10^6，并详细地讨论了 S_L、S_H 和 S_β 三个参数的影响。表 6.2 给出了前缘缝翼具体的参数，其中，对于 Case-0，S809 翼型没有加装前缘缝翼。

表 6.2　前缘缝翼的几何参数

算　例	S_L/mm	S_H/mm	$S_\beta/(°)$
Case-0			
Case-1	−30	54	0
Case-2	0	54	0
Case-3	30	54	0

算 例	S_L/mm	S_H/mm	$S_\beta/(°)$
Case-4	−30	54	0
Case-5	−30	42	0
Case-6	−30	54	20
Case-7	−30	54	40
Case-8	0	54	20
Case-9	0	54	40

6.2.1 升力系数和阻力系数

图 6.6 ~ 图 6.9 给出了前缘缝翼参数对升力系数和阻力系数的影响，其中，升力系数和阻力系数包含翼型和前缘缝翼的升力系数和阻力系数。前缘缝翼的几何参数对 S809 翼型的升力系数和阻力系数有较大影响。从图 6.6 可以看出，低攻角下前缘缝翼导致翼型升力系数增加。对于 Case-1，由于前缘缝翼的影响，在大攻角下翼型的升力系数明显增加。当攻角为 16.22°时，最大升力系数从 1.17 增加到 1.79，增加了 52.99%，但失速攻角没有增加。对于 Case-2 和 Case-3，在前缘缝翼的作用下，在大攻角下翼型的升力系数会降低，并产生负面影响。

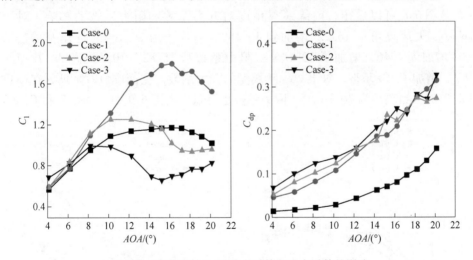

图 6.6 前缘缝翼 S_L 对升力系数和阻力系数的影响

从图 6.6 可以看出，前缘缝翼导致了翼型的阻力系数增加。对于 Case-1，当攻角为 4.1°时，翼型的阻力系数从 1.41×10^{-2} 增加到 4.60×10^{-2}，增加了 226.24%。当攻角为 20.16°时，阻力系数由 15.82×10^{-2} 增加到 31.46×10^{-2}，增加了 98.86%。因此，前缘缝翼对阻力系数的影响随着攻角的增加而减弱。

　　图 6.7 给出了前缘缝翼 S_H 对升力系数和阻力系数的影响。对于 Case-4，前缘缝翼对升力系数的影响随着攻角增加而增加。对于 Case-5，升力系数在低攻角时增加，但阻力系数显著增加。同时，由于前缘缝翼位置的变化，阻力系数波动较大。

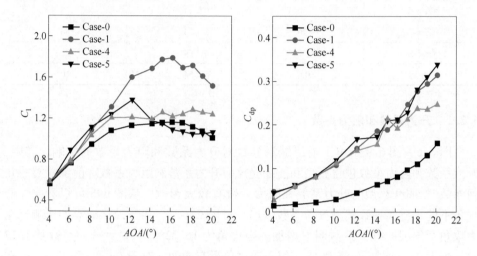

图 6.7　前缘缝翼 S_H 对升力系数和阻力系数的影响

　　从图 6.8 可以看出，前缘缝翼角度对升力系数和阻力系数的影响。对于 Case-6，失速攻角从 16.22° 增加到 19.18°。当攻角为 20.16° 时，升力系数从 1.02 增加到 1.46，增加了 43.14%，阻力系数从 15.82×10^{-2} 提高到 17.49×10^{-2}，增加了 10.56%。对于 Case-7 翼型的升力系数，在低攻角时降低，在高攻角时增加。当攻角为 20.16° 时，阻力系数也降低。在图 6.9 中，Case-8 和 Case-9

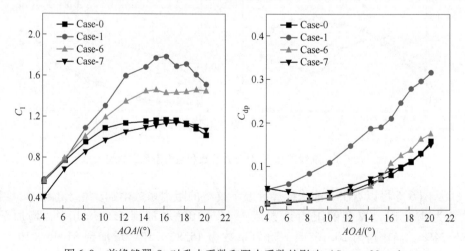

图 6.8　前缘缝翼 S_β 对升力系数和阻力系数的影响（$S_L = -30\text{mm}$）

也有同样的现象。Case-8 的最大升力系数从 1.17 增加到 1.45,失速攻角没有改变,但升力系数从 14.23° 增加到 20.16°,变化不大。从图 6.9 可以看出,合理的前缘缝翼位置可以提高升力系数,提高翼型的气动性能。同理,前缘缝翼不合理的位置布置可能对翼型气动性能产生负面影响。

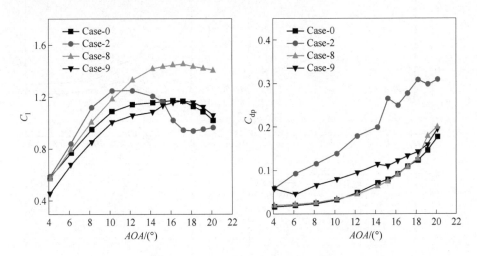

图 6.9 前缘缝翼 S_β 对升力系数和阻力系数的影响($S_L = 0mm$)

6.2.2 压力系数

图 6.10 给出了前缘缝翼对 S809 翼型压力系数的影响。前缘缝翼明显改变了翼型的压力分布,对翼型的吸力面影响较大。当攻角为 8.2° 时,吸力面前缘压力降低,压力面前缘压力升高。根据边界层理论,在吸力面前缘流动的状态是速度增加和压力减小,在压力面前缘有相反的流动状态。对于 Case-1,当攻角为 12.23° 时,压力分布波动较大,前缘缝翼增大了压力系数的积分面积。当攻角为 16.22° 时,压力系数的积分面积增加,升力系数也增加,如图 6.6 所示,因为升力系数与压力分布之间存在相关性,升力系数可以通过压力系数计算得到。对于 Case-1 和 Case-6,当攻角为 20.16° 时,前缘缝翼的影响仍然存在,且对 Case-6 的影响更明显。

6.2.3 边界层的 X 方向速度分量

图 6.11 给出了不同攻角和弦向位置下的 x 方向速度。当攻角为 8.2°,$x/c = 0.2$ 时,前缘缝翼对边界层的 x 方向速度有负面影响。边界层的 x 方向速度降低,主流区域的 x 方向速度增加。当 $x/c = 0.4$、0.6 和 0.8 时,前缘缝翼影响不明显,边界层流动未发生分流现象。当攻角为 16.22° 时,前缘缝翼导致边界层的 x 方向

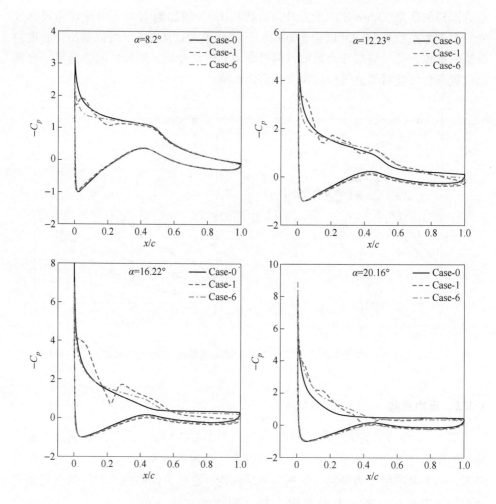

图 6.10   前缘缝翼对翼型压力系数的影响

速度增加，但在 $x/c=0.2$ 时除外。对于 Case-1，x 方向速度数值是正数（$x/c=0.6$），此时不存在流动分离现象，流动分离点向后推移。根据动能公式，流体的动能取决于流体的质量和速度。边界层的 x 方向速度增加，流体的动能增加。因此，在 $x/c=0.6$ 时，边界层流体的动能因前缘缝翼而增加。当攻角为 16.22°时，在 $x/c=0.8$ 时，边界层的 x 方向速度仍增加。

从图 6.11 可以看出，前缘缝翼改变了边界层的 x 方向速度曲线，x 方向速度在边界层是凸的，而在主流区域是凹的。这是因为前缘缝翼的影响改变了翼型周围的流动状态，从而实现在边界层和主流区域之间动能传递。当攻角为 20.16°时，前缘缝翼导致流动分离点向后延迟，边界层 x 方向速度增加。Case-6 的（前缘缝翼）排列位置效果更明显。

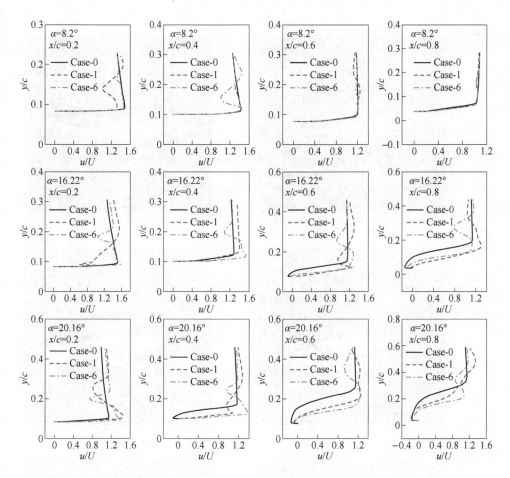

图 6.11　对比不同攻角下 x 方向速度（$Re=1.0\times10^{6}$）

6.2.4　流线和压力分布以及涡量分布

图 6.12 给出了前缘缝翼对翼型流线和压力分布云图的影响。随着攻角的增加，流动分离点向前移动，如图 6.12 所示。在翼型 S809 前缘加装前缘缝翼，流动分离现象出现延迟，流动分离点向后推移。以 Case-1 为例，由于前缘缝翼的影响，当攻角为 16.22°时，流动分离点从 $x/c=0.47$ 推移到 0.67。当攻角为 20.16°时，流动分离点从 $x/c=0.24$ 推移到 0.46。Case-6 的流线比 Case-1 的流线更平滑。因为在前缘缝翼的弦线和 x 轴之间存在一个角度，并且在 Case-6 中前缘缝翼的角度减小了。因此，前缘缝翼的弦线方向与流入方向之间存在一个小夹角。

根据边界层理论，在吸力面的前缘，流体的压力降低，而速度增加。同时，黏性摩擦力和逆压梯度是流动分离的两个必要条件。当流体的动能大于黏性摩擦

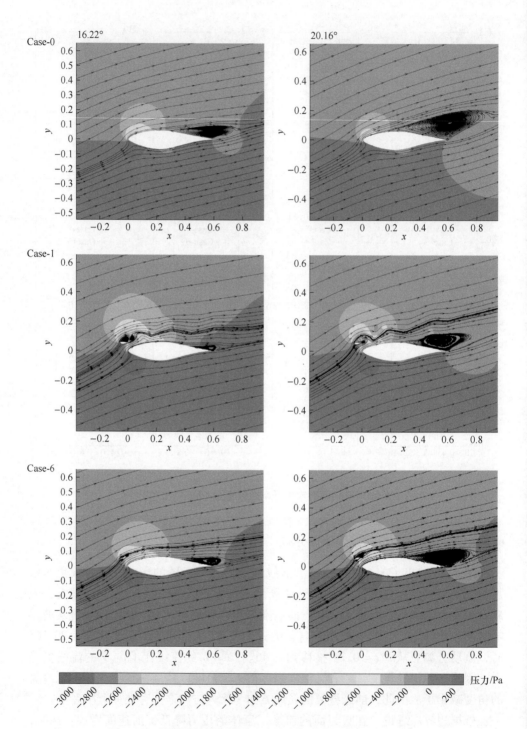

图 6.12　前缘缝翼对流线和压力分布的影响（$Re = 1.0 \times 10^6$）

力所消耗的动能,此时,边界层没有出现流动分离。在流动分离点之后,由于黏滞摩擦力和逆压梯度,滞止的流体逐渐堆积。滞止的流体导致来流流体与吸力面表面出现分离。从图6.12可以看出,前缘缝翼导致负压区扩大,吸力面前缘的压力梯度增大。因此,在吸力面前缘流体的动能增加,图6.11给出了相同的结果。

前缘缝翼的弦长是翼型S809弦长的十分之一。因此,前缘缝翼的雷诺数是翼型S809雷诺数的十倍。叶片吸力面前缘形成较大的逆流,流动分离现象十分严重,压力急剧下降,吸力面出现负压区,这个负压区影响了翼型S809的压力分布,在翼型S809的吸力面上出现了明显的压降。

图6.13给出了翼型的涡量云图(攻角为20.16°)。从图6.13中可以看出,利用前缘缝翼非定常激励的非线性效应,涡流不断地从前缘缝翼的吸力表面脱落,从而改变翼型的吸力面流动状态。前缘缝翼改变了吸力面的涡量大小,在吸力面前缘的涡量增加。同时,流动分离点因为前缘缝翼向后移动。

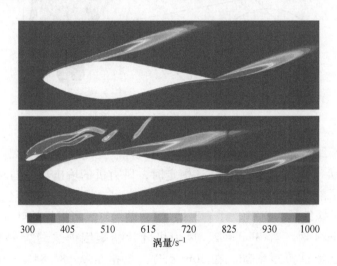

图6.13 前缘缝对涡量分布的影响($Re=1.0\times10^6$)

6.2.5 前缘缝翼对风力机叶片的影响

本书将前缘缝翼应用于Phase Ⅵ叶片,前缘缝翼的参数如表6.3所示,参数S_L、S_H和S_β已在前文进行了说明。入口边界条件为速度入口,出口边界条件为压力出口,采用SIMPLE方法进行压力–速度耦合。对于空间离散、动量方程、湍流方程选择二阶迎风离散,压力方程选择PRESTO方法。Phase Ⅵ叶片和前缘缝翼被定义为不可滑移壁面,湍流模型选择Transition SST模型,风力机叶片的内部旋转区域采用相对坐标系方法。图6.14给出了数值模型的计算域,以叶片

半径 R 表示风力机周围的流场，整个流场采用结构化网格划分。流场域网格的节点总数约为 4.35×10^6 和 7.15×10^6（包含前缘缝翼），在叶片的展向和弦向上分别布置 133 个节点和 219 个节点，叶片周围划分 72 个节点，第一个网格节点的高度为 0.1mm。

表 6.3   叶片加装前缘缝翼的参数

算例	S_L/mm	S_H/mm	$S_\beta/(°)$
Blade-C1	$-0.05 \times c_b$	$0.09 \times c_b$	0
Blade-C2	$-0.05 \times c_b$	$0.09 \times c_b$	20

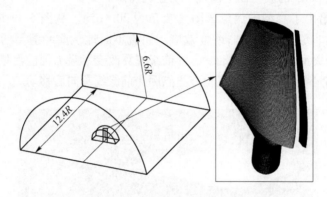

图 6.14   叶片周围流场的计算域

叶片的桨距角为 3°，对于 Phase Ⅵ 风力机控制工况参数的更多详细信息，请查阅参考文献 [43]。当风力机转速恒定时，风力机的输出功率与转矩成正比。表 6.4 给出了前缘缝翼对 Phase Ⅵ 叶片扭矩的影响，其中，总扭矩包含风力机叶片的扭矩和前缘缝翼的扭矩。对于 Blade-C1，前缘缝翼可以导致叶片的总扭矩增加，除了 10m/s 时。对 Blade-C2，风力机叶片扭矩因前缘缝翼的影响而降低（10m/s），但是总扭矩增加。在 10m/s 时，总扭矩从 687.84N·m 增加到了 788.06N·m，增加了 14.57%。在 20.1m/s 时，总扭矩从 543.77N·m 增加到了 830.57N·m，增加了 52.74%。

表 6.4   前缘缝翼对 Phase Ⅵ 叶片扭矩的影响

名 称		不同风速下的扭矩/N·m		
		风速 10m/s	风速 15.1m/s	风速 20.1m/s
原始叶片		687.84	473.31	543.77
Blade-C1	叶片	516.31	616.92	686.50
	前缘缝翼	72.76	88.49	108.48
	总计	589.07	705.41	794.98

名　称		不同风速下的扭矩/N·m		
		风速 10m/s	风速 15.1m/s	风速 20.1m/s
Blade-C2	叶片	571.12	481.59	493.40
	前缘缝翼	216.94	265.03	337.17
	总计	788.06	749.62	830.57

图6.15～图6.17给出了10m/s、15.1m/s和20.1m/s时风力机叶片吸力面上的极限流线。从图中可以看出，前缘缝翼可以改变叶片的极限流线。在图6.15中，叶片中部的边界层发生流动分离，当加装前缘缝翼后，流动分离点向后缘推移，对于Blade-C2，这种推移现象更加明显，当速度为15.1m/s时，由于前缘缝翼的影响，流动分离点也向后缘推移。

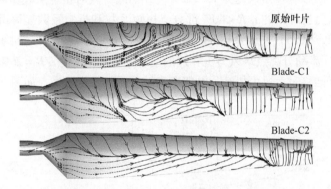

图6.15　叶片吸力面极限流线（10m/s）

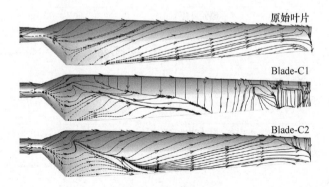

图6.16　叶片吸力面极限流线（15.1m/s）

图6.18给出了三种不同风速下的风力机叶片扭矩系数和推力系数。图6.18中的扭矩系数和推力系数，不包含前缘缝翼的扭矩系数和推力系数。当风速为10m/s

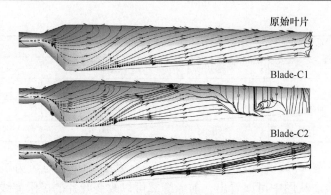

图 6.17　叶片吸力面极限流线（20.1m/s）

时，前缘缝翼可以对 $r/R = 50\% \sim 70\%$ 的扭矩系数产生积极影响，但前缘缝翼对其他部分产生负面影响。当风速为 15.1m/s 时，前缘缝翼对扭矩系数和推力系数有负面影响，在风力机叶片的 $r/R < 40\%$ 部分，扭矩系数和推力系数显著降低，扭矩系数从 1.15 降低到 0.53（在 $r/R = 26\%$），扭矩系数降低了 53.91%（对于 Blade-C1），在图 6.16 中，流动分离点从风力机叶片的前缘向后推移（在 $r/R = 26\% \sim 30\%$ 处）。当流动分离点推移时，风力机叶片的扭矩和推力系数基本增加，如图 6.18 所示。

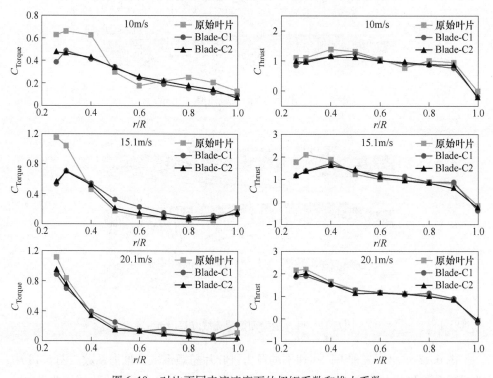

图 6.18　对比不同来流速度下的扭矩系数和推力系数

6.3 本 章 小 结

本章研究了前缘缝翼对翼型 S809 和 Phase Ⅵ叶片气动性能的影响，探讨了前缘缝翼几何参数的影响。采用数值模拟方法得到了翼型 S809 和 Phase Ⅵ叶片的气动性能，对升力系数、阻力系数、压力系数、x 方向速度、扭矩系数和推力系数进行了定量分析。本章的研究结果可归纳如下：

（1）前缘缝翼可以延迟流动分离现象，前缘缝翼的几何参数对 S809 翼型的升力系数和阻力系数有较大影响。由于前缘缝翼的影响，对于 Case-1，在大攻角时翼型的升力系数明显增加，对于 Case-6，失速攻角从 16.22°增加到 19.18°。

（2）前缘缝翼明显改变了翼型 S809 的压力分布，对吸力面影响较大。对于 Case-1，当攻角为 16.22°时，压力系数的积分面积进一步增加，升力系数也增加。

（3）因受前缘缝翼影响，翼型 S809 的 x 方向速度曲线在边界层呈凸形，在主流区呈凹形，叶片边界层与主流区之间存在动能传递。

（4）前缘缝翼延迟了流动分离现象。对于 Case-1，当攻角为 16.22°时，前缘缝翼使流动分离点从 $x/c = 0.47$ 移动到 $x/c = 0.67$。前缘缝翼的负压区最终影响了 S809 翼型的压力，在 S809 翼型的吸力面上出现了明显的压降。

（5）前缘缝翼使风力机的总扭矩（包括风力机叶片和前缘缝翼）增加，除了 Blade-C1 在 10m/s 时外。流动分离点、扭矩系数和推力系数受到前缘缝翼的影响。因此，前缘缝翼可以提升叶片的气动性能。

参 考 文 献

[1] Willert C E, Cuvier C, Foucaut J M, et al. Experimental evidence of near-wall reverse flow events in a zero pressure gradient turbulent boundary layer [J]. Experimental Thermal and Fluid Science, 2018, 91: 320-328.

[2] He Y, Cao R, Huang H, et al. Overall performance assessment for scramjet with boundary-layer ejection control based on thermodynamics [J]. Energy, 2017, 121: 318-330.

[3] Liu J, Gao Y, Su X, et al. Disturbance-observer-based control for air management of PEM fuel cell systems via sliding mode technique [J]. IEEE Transactions on Control Systems Technology, 2018 (99): 1-10.

[4] Sun G, Wu L, Kuang Z, et al. Practical tracking control of linear motor via fractional-order sliding mode [J]. Automatica, 2018, 94: 221-235.

[5] Du J, Li Y, Li Z, et al. Performance enhancement of industrial high loaded gas compressor using Coanda jet flap [J]. Energy, 2019, 172: 618-629.

[6] Açıkel H H, Genç M S. Control of laminar separation bubble over wind turbine airfoil using partial flexibility on suction surface [J]. Energy, 2018, 165: 176-190.

［7］ GENÇ M S, Kemal K, AÇIKEL H H. Investigation of pre-stall flow control on wind turbine blade airfoil using roughness element ［J］. Energy, 2019, 176: 320-334.

［8］ Zhong J, Li J, Guo P, et al. Dynamic stall control on a vertical axis wind turbine aerofoil using leading-edge rod ［J］. Energy, 2019, 174: 246-260.

［9］ Ebrahimi A, Movahhedi M. Wind turbine power improvement utilizing passive flow control with microtab ［J］. Energy, 2018, 150: 575-582.

［10］ Van Dam C P, Berg D E, Johnson S J. Active load control techniques for wind turbines ［R］. Sandia National Laboratories, 2008.

［11］ Cole J A, Vieira B A O, Coder J G, et al. Experimental investigation into the effect of Gurney flaps on various airfoils ［J］. Journal of Aircraft, 2013, 50 (4): 1287-1294.

［12］ Wang H, Zhang B, Qiu Q, et al. Flow control on the NREL S809 wind turbine airfoil using vortex generators ［J］. Energy, 2017, 118: 1210-1221.

［13］ Amini Y, Emdad H, Farid M. Adjoint shape optimization of airfoils with attached Gurney flap ［J］. Aerospace Science and Technology, 2015, 41: 216-228.

［14］ Amini Y, Liravi M, Izadpanah E. The effects of Gurney flap on the aerodynamic performance of NACA 0012 airfoil in the rarefied gas flow ［J］. Computers & Fluids, 2018, 170: 93-105.

［15］ Xie Y H, Jiang W, Lu K, et al. Numerical investigation into energy extraction of flapping airfoil with Gurney flaps ［J］. Energy, 2016, 109: 694-702.

［16］ Hansen M O L, Velte C M, Øye S, et al. Aerodynamically shaped vortex generators ［J］. Wind Energy, 2016, 19 (3): 563-567.

［17］ Zhao Z, Shen W, Wang R, et al. Modeling of wind turbine vortex generators in considering the inter-effects between arrays ［J］. Journal of Renewable and Sustainable Energy, 2017, 9 (5): 053301.

［18］ Manolesos M, Papadakis G, Voutsinas S G. Experimental and computational analysis of stall cells on rectangular wings ［J］. Wind Energy, 2014, 17 (6): 939-955.

［19］ Choudhry A, Arjomandi M, Kelso R. Methods to control dynamic stall for wind turbine applications ［J］. Renewable Energy, 2016, 86: 26-37.

［20］ Lee G, Ding Y, Xie L, et al. A kernel plus method for quantifying wind turbine performance upgrades ［J］. Wind Energy, 2015, 18 (7): 1207-1219.

［21］ Hwangbo H, Ding Y, Eisele O, et al. Quantifying the effect of vortex generator installation on wind power production: An academia-industry case study ［J］. Renewable Energy, 2017, 113: 1589-1597.

［22］ Fernandez-Gamiz U, Zulueta E, Boyano A, et al. Five megawatt wind turbine power output improvements by passive flow control devices ［J］. Energies, 2017, 10 (6): 742.

［23］ Ismail M F, Vijayaraghavan K. The effects of aerofoil profile modification on a vertical axis wind turbine performance ［J］. Energy, 2015, 80: 20-31.

［24］ Shukla V, Kaviti A K. Performance evaluation of profile modifications on straight-bladed vertical axis wind turbine by energy and Spalart Allmaras models ［J］. Energy, 2017, 126: 766-795.

［25］ Buchmann N A, Atkinson C, Soria J. Influence of ZNMF jet flow control on the spatio-temporal flow structure over a NACA-0015 airfoil [J]. Experiments in fluids, 2013, 54 (3): 1-14.

[26] Taylor K, Leong C M, Amitay M. Load control on a dynamically pitching finite span wind turbine blade using synthetic jets [J]. Wind Energy, 2015, 18 (10): 1759-1775.

[27] Walker S, Segawa T. Mitigation of flow separation using DBD plasma actuators on airfoils: A tool for more efficient wind turbine operation [J]. Renewable Energy, 2012, 42: 105-110.

[28] Feng L H, Choi K S, Wang J J. Flow control over an airfoil using virtual Gurney flaps [J]. Journal of Fluid Mechanics, 2015, 767: 595-626.

[29] Yen J, Ahmed N A. Enhancing vertical axis wind turbine by dynamic stall control using synthetic jets [J]. Journal of Wind Engineering and Industrial Aerodynamics, 2013, 114: 12-17.

[30] Barlas A K, Tibaldi C, Zahle F, et al. Aeroelastic optimization of a 10 MW wind turbine blade with active trailing edge flaps [C]. 34th Wind Energy Symposium. 2016.

[31] Ebrahimi A, Movahhedi M. Power improvement of NREL 5-MW wind turbine using multi-DBD plasma actuators [J]. Energy Conversion and Management, 2017, 146: 96-106.

[32] Pechlivanoglou G, Nayeri C N, Paschereit C O. Fixed leading edge auxiliary wing as a performance increasing device for hawt blades [C]. Proceedings of the DEWEK, 2010.

[33] Elhadidi B, Elqatary I, Mohamady O, et al. Experimental and numerical investigation of flow control using a novel active slat [J]. World Academy of Science, Engineering and Technology, International Journal of Mechanical, Aerospace, Industrial, Mechatronic and Manufacturing Engineering, 2015, 9 (1): 21-25.

[34] Granizo J F, Gudmundsson S, Engblom W A. Effect of the slot span on the wing performance [C]. 35th AIAA Applied Aerodynamics Conference, 2017.

[35] Yavuz T, Koç E, Kılkış B, et al. Performance analysis of the airfoil-slat arrangements for hydro and wind turbine applications [J]. Renewable Energy, 2015, 74: 414-421.

[36] Schramm M, Stoevesandt B, Peinke J. Simulation and optimization of an airfoil with leading edge slat [C]. Journal of Physics: Conference Series. IOP Publishing, 2016, 753 (2): 022052.

[37] Sarkorov D, Seifert A, Detinis I, et al. Active flow control and part-span slat interactions [J]. AIAA Journal, 2016, 54 (3): 1095-1106.

[38] Halawa A M, Elhadidi B, Yoshida S. Aerodynamic performance enhancement using active flow control on DU96-W-180 wind turbine airfoil [J]. Evergreen, 2018, 5 (1): 16-24.

[39] Belamadi R, Djemili A, Ilinca A, et al. Aerodynamic performance analysis of slotted airfoils for application to wind turbine blades [J]. Journal of Wind Engineering and Industrial Aerodynamics, 2016, 151: 79-99.

[40] Beyhaghi S, Amano R S. A parametric study on leading-edge slots used on wind turbine airfoils at various angles of attack [J]. Journal of Wind Engineering and Industrial Aerodynamics, 2018, 175: 43-52.

[41] Somers D M. Design and experimental results for the S809 airfoil NREL [R]. National Renewable Energy Lab, 1997.

［42］Sørensen N N. CFD modelling of laminar-turbulent transition for airfoils and rotors using the γ-$\widetilde{Re}_\theta$ model ［J］. Wind Energy, 2009, 12 (8): 715-733.

［43］Sørensen NN, Michelsen JA, Schreck S. NaviereStokes predictions of the NREL Phase VI rotor in the NASA Ames 80 ft × 120 ft wind tunnel. Wind Energy, 2002, 5 (2/3): 151-169.

附　　录

附录 A　MATLAB 程序

本书 Kriging 代理模型的 MATLAB 程序是以 DACE 工具箱基础上进行改进，程序如下：

```
function fffangchengq = Qiuth(x)
qtheta1 = x(1)^2 + 0.00000001;
qtheta2 = x(2)^2 + 0.00000001;
m = 88;
xx1 = [];
xx2 = [];
YYtheta2 = [];
FFtheta2 = [];
FFTtheta2 = FFtheta2';
for i = 1:m
for j = 1:m
RRtheta2(i,j) = exp(-((xx1(i,:) - xx2(j,:)).^2 * [qtheta1;qtheta2]));
end
end
betafen1 = inv(FFTtheta2 * inv(RRtheta2) * FFtheta2);
betaq2 = betafen1 * FFTtheta2 * inv(RRtheta2) * YYtheta2;
YFbetaq2 = (YYtheta2 - FFtheta2 * betaq2);
TYFbetaq2 = YFbetaq2';
sigmaq2 = (1/m) * TYFbetaq2 * inv(RRtheta2) * YFbetaq2;
RRqdet2 = abs(det(RRtheta2))^(1/m);
fffangchengq = sigmaq2 * RRqdet2;

load matlabyp3
n = ;
fymax = ;
theta = [];lob = [];upb = [];
[dmodel,perf] = ...
dacefit(S,Y,@ regpoly0,@ corrgauss,theta,lob,upb)
```

```
X = gridsamp([ ],n);
[YK MSE] = predictor(X,dmodel);
X1 = reshape(X(:,1),n,n);X2 = reshape(X(:,2),n,n);
YK = reshape(YK,size(X1));
figure(1),mesh(X1,X2,YK)
hold on,
plot3(S(:,1),S(:,2),Y,'. k',' MarkerSize',10)
hold off

% [emodel perf] = dacefit(S,Y,@ regpoly0,@ correxp,2)
YMSE = reshape(MSE,size(X1));
figure(2),mesh(X1,X2,YMSE)
[y,dy] = predictor(S(1,:),dmodel);
[y,dy,mse,dmse] = predictor([ ],dmodel);

% EGO for expected improvement
for i = 1:n
for j = 1:n
ssmse = sqrt(YMSE);
ufys(i,j) = (fymax − YK(i,j))/ssmse(i,j);
ncuu(i,j) = normcdf(ufys(i,j),0,1);
npuu(i,j) = normpdf(ufys(i,j),0,1);
YEGO(i,j) = ssmse(i,j) * (ufys(i,j) * ncuu(i,j) + npuu(i,j));
end
end
figure(3),mesh(X1,X2,YEGO)
```

附录 B　书中主要符号表

符　　　号	代　表　意　义	单　　　位
a	轴向诱导因子	
A	风力机扫略面积	m^2
b	切向诱导因子	
B	叶片数	
c	弦长	m
C_d	阻力系数	
C_1	升力系数	

续表

符 号	代 表 意 义	单 位
C_N	法向系数	
C_p	压力系数	
C_{Po}	风能利用系数	
C_T	切向系数	
C_{Thrust}	推力系数	
C_{Torque}	扭矩系数	
D	风力机的直径	m
F_a	尖叶损失修正因子	
$\boldsymbol{g}$	响应值权系数向量	
H_{hub}	轮毂高度	m
k	湍流动能	J
m	质量流量	kg/s
M	叶轮的转矩	N·m
P	风力机的功率	w
p_1	静压	Pa
p_a	风力机前的静压	Pa
p_b	风力机后的静压	Pa
r	当地半径	m
R	叶轮的半径	m
$\boldsymbol{R}$	相关函数矩阵	
Re_v	应变率雷诺数	
$R\tilde{e}_{\theta t}$	动量厚度雷诺数	
s	标准差	
S	应变率	
S_0	叶轮扫掠面积	m^2
t	时间	s
T	风力机旋转周期	s
T_0	推力	N
T_{gust}	阵风周期	s
u	x 方向速度	m/s
v_a	轴向诱导速度	m/s
v_t	切向诱导速度	m/s

续表

符　号	代　表　意　义	单　位
v	流体速度	m/s
v_0	叶素处的来流速度	m/s
v_1	风力机前来流速度	m/s
v_2	风力机后尾流速度	m/s
v_{e1}	1 年一遇极端风速	m/s
v_{hub}	轮毂处的风速	m/s
v_{gust}	N 年一遇极端风速	m/s
v_r	径向速度	m/s
v_{ref}	参考风速	m/s
v_{ws}	风切变风速	m/s
v_{x0}	叶素处的轴向速度	m/s
v_{y0}	叶素处的切向速度	m/s
α	风切变指数	
α_0	攻角	rad
$\beta_{p\times1}$	回归系数向量	
β^*	广义最小二乘估计	
γ	间歇因子	
γ_{eff}	有效间歇因子	
δ_{ij}	单位张量	
σ_1	湍流标准差	
Γ_k	k 的有效扩散项	
Γ_ω	ω 的有效扩散项	
θ	各向异性相关参数	
θ_0	扭角	rad
λ	叶轮尖速比	
λ_0	拉格朗日乘子	
Λ_1	纵向湍流尺度参数	
μ	动力黏性	Pa·s
ρ	密度	kg/m³
Ω	涡量	s⁻¹
Ω_0	叶轮转动角速度	rad/s
φ	入流角	rad

符 号	代 表 意 义	单 位
χ	叶轮的锥角	rad
ω	特殊逸散率	
ω_0	切向诱导角速度	rad/s
τ	剪切应力张量	

冶金工业出版社部分图书推荐

书　　名	作　者	定价(元)
新能源材料与技术	邢鹏飞	50.00
工程流体力学（第5版）	谢振华	45.00
工程流体力学实验指导书	王雁冰	39.00
发电厂动力与环保	齐立强	58.00
陶瓷企业液压和气动设备技术运用与维修	孔伶容	48.00
气动伺服系统建模、分析与控制	柏艳红	28.00
液压气动技术与实践	胡运林	39.00
气溶胶粒子分离理论与技术	向晓东	69.00
"双碳"背景下能源与动力工程综合实验	杜　涛	47.00
流体力学	李福宝	27.00
流体力学及输配管网	马庆元	49.00
微颗粒黏附与清除	吴　超	79.00
矿井风流流动与控制	王海宁	30.00
危险品泄漏的风洞实验与数值模拟	宁　平	22.00
复杂地形条件下重气扩散数值模拟	宁　平	29.00
能源与动力工程实验	仝永娟	30.00
能源与环境	冯俊小	35.00
流体流动与传热	刘敏丽	30.00
散体流动仿真模型及其应用	柳小波	58.00
大气环境容量核定方法与案例	宁　平	29.00
液压与气压传动实验教程	韩学军	25.00
烟气脱硫脱硝净化工程技术与设备	张海波	180.00
矿井通风与除尘	浑宝炬	25.00
通风除尘与净化	李建龙	42.00
顶板水害威胁下"煤－水"双资源型矿井开采模式与工程应用	申建军	36.00
散体流动仿真模型及其应用	柳小波	58.00